高职高专公共基础课系列教材
校企双元合作开发系列教材

概率论与数理统计

主　编　李艳光　朱学荣　张　航
副主编　杨丽清　陈　雪

西安电子科技大学出版社

内 容 简 介

本书共五章，内容包括随机事件及其概率、一维随机变量及其分布、多维随机变量及其分布、随机变量的数字特征、数理统计初步等。本书取材合理，深度适宜，所选例题、习题针对性强，并且注重强化基本概念、基本理论、基本计算，有助于培养学生的逻辑思维能力、运算能力和应用数学知识解决实际问题的能力。

本书可作为高职高专院校工科各专业学生的教材，也可供相关工程技术人员参考。

图书在版编目(CIP)数据

概率论与数理统计/李艳光，朱学荣，张航主编. —西安：西安电子科技大学出版社，2022.2
ISBN 978 - 7 - 5606 - 6292 - 3

Ⅰ.①概… Ⅱ.①李… ②朱… ③张… Ⅲ.①概率论—高等职业教育—教材
②数理统计—高等职业教育—教材 Ⅳ.①O21

中国版本图书馆 CIP 数据核字(2022)第 259298 号

策划编辑 李鹏飞 杨航斌
责任编辑 解 俊 李鹏飞
出版发行 西安电子科技大学出版社(西安市太白南路2号)
电 话 (029)88202421 88201467 邮 编 710071
网 址 www.xduph.com 电子邮箱 xdupfxb001@163.com
经 销 新华书店
印刷单位 陕西天意印务有限责任公司
版 次 2022年2月第1版 2022年2月第1次印刷
开 本 787毫米×1092毫米 1/16 印张 9
字 数 183千字
印 数 1~1000册
定 价 29.00元

ISBN 978 - 7 - 5606 - 6292 - 3/O

XDUP 6594001 - 1

* * *如有印装问题可调换* * *

前　　言

　　"概率论与数理统计"是高职高专院校工科各专业的基础课程。在工程实验测量和检测的结果分析中，经常会用到概率论与数理统计的相关知识。概率论研究随机现象的统计规律，它是本课程的理论基础；数理统计则从应用角度研究随机数据的处理方法及统计方法，从而进行统计推断。

　　本书依据教育部制定的"高职高专教育概率论与数理统计课程教学基本要求"，结合编者长期从事本课程教学的体会编写而成。在编写中精心设计教学内容，注重启发引导，从实际问题引出抽象概念，用理论知识解决实际问题，尽可能再现知识的归纳过程，注意讲清用数学知识解决实际问题的基本思想和方法，同时降低理论深度，便于高等数学基础薄弱的高职高专学生学习。每章开头有本章导读，每章末尾有本章小结，有助于读者了解各章内容。另外，各章还配有相应的阅读材料和习题，方便读者扩展知识，巩固所学内容。

　　本书具有如下特点：

　　(1) 强调数学概念与实际问题的联系；

　　(2) 淡化逻辑证明，充分利用实例及几何说明，帮助学生理解相关概念和理论；

　　(3) 充分考虑高职学生的数学基础，较好地处理了高等数学基础薄弱的问题；

　　(4) 每节配有充足的习题，便于学生巩固基础知识，提高基本技能。

　　本书适合高职高专院校工科各专业学生使用，建议教学学时为 64～96 学时。

　　本书由内蒙古建筑职业技术学院组织编写，李艳光、朱学荣、张航任主编，杨丽清、陈雪任副主编。第一章由张航编写，第二章由杨丽清编写，第三章由李艳光编写，第四章由朱学荣编写，第五章由陈雪编写。全书由李艳光统稿、定稿。

　　由于编者水平有限，书中难免存在不妥之处，敬请广大读者批评指正。

编　者

2021 年 10 月

目　　录

第一章　随机事件及其概率

【本章导读】 概率论是研究随机现象（偶然现象）规律性的科学。人们在自然界与日常生活中，常常会遇到随机现象。比如，远距离射击较小的目标，可能击中，也可能击不中；工厂生产的产品，可能是合格品，也可能是不合格品。随机现象是客观存在的。随机事件看似偶然，但事物内部隐藏着必然性。科学的任务在于从错综复杂的偶然性中揭示其必然性，探究事物的规律。这种规律已在大量现象中被发现。

概率论的应用范围相当广泛，几乎遍及所有科技领域、工农业生产和国民经济的各个部门。例如，运用概率论可以进行天气预报、产品抽样验收、人口普查等。而且，概率论与其他学科相互融合，产生了各种应用学科，如计量经济学、信息论、时间序列分析等。

第一节　随机事件

自然界与人类活动中普遍存在两种情况。一种是条件完全可以决定结果的情况，称之为确定性现象。如在标准大气压下，水温达到100℃时必会沸腾；边长为 3 cm 时，正方形的面积一定为 9 cm²。另一种是条件不能完全决定结果的情况，称之为非确定性现象或随机现象。如抛一枚硬币，可能正面朝上，也可能反面朝上；开车时，在某个信号灯正常的十字路口，有可能遇到红灯，也有可能遇到绿灯，还有可能遇到黄灯。随机事件都带有不确定性，但随机事件还有规律性。对随机事件只做个别试验或观测，看不出明显的规律。但在相同条件下，对随机事件进行大量的重复试验，就会发现一定的规律。

一、随机事件的基本概念

在一定条件下对自然现象或人类活动所进行的观察或试验，统称为随机试验，简称"试验"，常用大写字母 E 表示。

"试验"有三个特征：

（1）可以在相同的条件下重复地进行；

（2）每次试验的可能结果不止一种，并且能事先明确试验的所有可能结果；

（3）在进行试验之前不能确定哪种结果会出现。

例如：

E_1：抛一枚硬币，观察出现正面、反面的情况。

E_2：观察一射手直到射中目标之前的射击点数。

E_1、E_2 都是随机试验。

随机试验的每种可能发生的结果称为随机事件，简称事件，常用大写字母 A、B、C 等表示。不能再分解的随机事件称为基本事件。在一定条件下肯定要发生的事件称为必然事件。在一定条件下不可能发生的事件称为不可能事件。必然事件与不可能事件都是确定性现象，但为了研究方便，仍将其当作随机事件，它们是随机事件的两种特殊情况。

在一个试验中，不论可能出现的结果有多少种，总可以找到一组基本结果，满足：

（1）每进行一次试验，必然出现且只能出现其中一种基本结果；

（2）任何结果都是由其中一些基本结果组成的。

随机试验中所有基本结果组成的集合称为样本空间，记为 Ω。样本空间的元素，即每种基本结果，称为样本点。

例如：投掷一颗均匀骰子一次。

① 这个试验可以在相同情况下重复进行，且每次试验的可能结果有 6 种：出现 1 点，出现 2 点，出现 3 点，出现 4 点，出现 5 点，出现 6 点。不能准确预测每次出现的点数，但知道全部可能出现的点数，所以此试验为随机试验。

② 此试验共有 6 个基本事件，设基本事件 w_1 表示出现 1 点，w_2 表示出现 2 点，以此类推，可得样本空间 $\Omega = \{w_1, w_2, w_3, w_4, w_5, w_6\}$。

③ 设事件 A 表示出现偶数点的事件，则 $A = \{w_2, w_4, w_6\}$。若试验结果为 w_4，则事件 A 发生；若试验结果为 w_1，则事件 A 不发生。

④ 设事件 B 表示出现点数小于 4 的事件，则 $B = \{w_1, w_2, w_3\}$。若试验结果为 w_2，则事件 B 发生；若试验结果为 w_5，则事件 B 不发生。

⑤ 设事件 C 表示点数大于 6 的事件，则该事件一定不发生，是不可能事件。

⑥ 设事件 D 表示点数小于等于 6 的事件，则该事件一定发生，是必然事件。

样本空间 Ω 包含所有的样本点，它必然发生，是必然事件，因此必然事件也用 Ω 来表示；空集 $\varnothing$ 代表不包含任何样本点，在每次试验中都不可能发生的事件，是不可能事件，因此不可能事件也用 $\varnothing$ 来表示。

二、事件间的关系及运算

从集合论的角度讲，随机事件实际上是一种特殊的集合。必然事件 Ω 相当于全集，每个事件 A 都是 Ω 的子集。因此我们用集合的观点来讨论事件间的关系及运算。为直观起见，有时借助图形，平面上的矩形区域表示必然事件 Ω，该区域的一个子区域表示随机事件 A。

1. 包含关系

如果事件 A 发生必然导致事件 B 发生，则称事件 A 包含于事件 B 或称事件 B 包含事件 A，记为 $A \subset B$ 或 $B \supset A$，如图 1-1 所示。

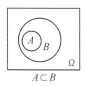

$A \subset B$

图 1-1

2. 相等关系

如果 $A \subset B$、$B \subset A$ 同时成立，则称事件 A 与事件 B 相等，记为 $A = B$。

3. 事件的积(交)

由事件 A 与事件 B 同时发生构成的事件，称为事件 A 与事件 B 的积(交)，记为 AB 或 $A \bigcap B$，如图 1-2 阴影部分所示。

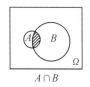

$A \cap B$

图 1-2

4. 事件的和(并)

由事件 A 与事件 B 至少有一个发生构成的事件，称为事件 A 与事件 B 的和(并)，记作 $A + B$ 或 $A \bigcup B$，如图 1-3 阴影部分所示。对任意事件 A，有 $A + A = A$，$A + \Omega = \Omega$，$A + \varnothing = A$。

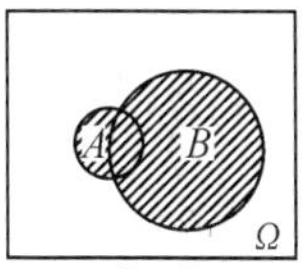

$A \cup B$

图 1-3

5. 事件的差

由事件 A 发生而事件 B 不发生构成的事件，称为事件 A 与事件 B 的差，记作 $A - B$，如图 1-4 阴影部分所示。

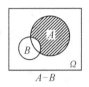

图 1 - 4

6. 互不相容事件(互斥事件)

若事件 A 与事件 B 不能同时发生,即 $AB = \varnothing$,则称事件 A 与事件 B 互不相容(或互斥),如图 1 - 5 所示。

图 1 - 5

7. 互逆事件(对立事件)

若事件 A 与事件 B 满足 $A + B = \Omega$, $AB = \varnothing$,则称事件 A 与事件 B 互逆(或对立)。对立事件一定是互斥事件,互斥事件不一定是对立事件。事件 A 的逆事件记作 $\overline{A}$,即 $B = \overline{A}$。对任意事件 A,有 $A + \overline{A} = \Omega$, $A\overline{A} = \varnothing$,如图 1 - 6 所示。

图 1 - 6

事件具有以下运算规律:

(1) 交换律:$A \cap B = B \cap A$, $A \cup B = B \cup A$。

(2) 结合律:$(A \cap B) \cap C = A \cap (B \cap C)$, $(A \cup B) \cup C = A \cup (B \cup C)$。

(3) 分配律:$(A \cup B) \cap C = (A \cap C) \cup (B \cap C)$, $(A \cap B) \cup C = (A \cup C) \cap (B \cup C)$。

(4) 德·摩根律:$\overline{A \cap B} = \overline{A} \cup \overline{B}$, $\overline{A \cup B} = \overline{A} \cap \overline{B}$。

例 1 - 1　检查产品质量时,从一批产品中任意抽取 5 件样品进行检查,则可能发生的结果有未发现次品,发现 1 件次品……发现 5 件次品。设事件 $A_i (i = 0, 1, \cdots, 5)$ 表示"发现 i 件次品",请将下列复杂事件用 A_0, A_1, $\cdots$, A_5 表示出来:

(1) $B = \{$发现 2 件或 3 件次品$\}$;

（2）$C=\{$最多发现 2 件次品$\}$；

（3）$D=\{$至少发现 1 件次品$\}$。

解　（1）$B=\{$发现 2 件或 3 件次品$\}$表示 A_2 与 A_3 中至少一个发生，于是 $B=A_2+A_3$。

（2）$C=\{$最多发现 2 件次品$\}$表示 A_0、A_1、A_2 中至少一个发生，于是 $C=A_0+A_1+A_2$。

（3）$D=\{$至少发现 1 件次品$\}$表示 A_1、A_2、A_3、A_4、A_5 中至少一个发生，于是 $D=A_1+A_2+A_3+A_4+A_5$ 或者 $D=\Omega-A_0$。

例 1-2　设 A、B、C 为 3 个事件，试用 A、B、C 的运算式表示下列事件：

（1）A 发生而 B 与 C 不发生；

（2）A、B 都发生而 C 不发生；

（3）A、B、C 中至少有两个事件发生；

（4）A、B、C 中至多有两个事件发生；

（5）A、B、C 中恰有两个事件发生；

（6）A、B 中至少有一个发生而 C 不发生。

解　（1）"A 发生而 B 与 C 不发生"可表示为 $A\overline{B}\overline{C}$ 或 $A-B-C$ 或 $A-(B\cup C)$ 或 $A\overline{(B\cup C)}$。

（2）"A、B 都发生而 C 不发生"可表示为 $AB\overline{C}$ 或 $AB-C$。

（3）"A、B、C 中至少有两个事件发生"可表示为 $(AB)\cup(AC)\cup(BC)$。

（4）"A、B、C 中至多有两个事件发生"可表示为 $\overline{A}\cup\overline{B}\cup\overline{C}$。

（5）"A、B、C 中恰有两个事件发生"可表示为 $(AB\overline{C})\cup(A\overline{B}C)\cup(\overline{A}BC)$。

（6）"A、B 中至少有一个发生而 C 不发生"可表示为 $(A\cup B)\overline{C}$。

第二节　随机事件的概率

在随机事件中，除了必然事件与不可能事件外，任何一个随机事件在一次试验中都有可能发生，也有可能不发生。人们常常希望了解某些事件在一次试验中发生的可能性的大小，为此我们引入新的概念——概率。

一、频率

定义 1-1　设在相同的条件下，进行了 n 次试验。若随机事件 A 在 n 次试验中发生了 k 次，则次数 k 称为事件 A 发生的频数，比值 $\dfrac{k}{n}$ 称为事件 A 在这 n 次试验中发生的频率，记为 $f_n(A)=\dfrac{k}{n}$。

频率具有以下 3 条基本性质：

性质 1　$0 \leqslant f_n(A) \leqslant 1$。

性质 2　$f_n(\Omega) = 1$，$f_n(\varnothing) = 0$。

性质 3　若 $A_1, A_2, \cdots, A_k$ 是两两互不相容的事件，则

$$f_n(A_1 \bigcup A_2 \bigcup \cdots \bigcup A_k) = f_n(A_1) + f_n(A_2) + \cdots + f_n(A_k)$$

事件 A 发生的频率描述了事件发生的频繁程度。频率越大，事件 A 发生越频繁，即在一次试验中 A 发生的可能性越大。因此，自然想到利用 A 发生的频率表示在一次试验中 A 发生的可能性大小。但是，频率不是固定数。一方面，一个 n 次重复试验中 A 发生的频率与另一个 n 次重复试验中 A 发生的频率一般不相同；另一方面，当重复试验的次数 n 发生变化时，A 发生的频率也有所变化。

例 1-3　考虑"抛硬币，观察出现正面 H 的情况"这个试验，我们将一枚硬币抛掷 5 次、50 次，各做 5 遍，得到数据如表 1-1 所示（其中 n_H 表示 H 发生的频数，$f_n(H)$ 表示 H 发生的频率）。

表 1-1　抛硬币试验数据 1

试验序号	$n=5$		$n=50$	
	n_H	$f_n(H)$	n_H	$f_n(H)$
1	2	0.4	22	0.44
2	3	0.6	25	0.50
3	1	0.2	21	0.42
4	5	1.0	25	0.50
5	1	0.2	24	0.48

这种试验历史上有人做过，得到如表 1-2 所示的数据。

表 1-2　抛硬币试验数据 2

试验者	n	n_H	$f_n(H)$
德·摩根	2048	1061	0.5181
蒲丰	4040	2048	0.5069
K. 皮尔逊	12 000	6019	0.5016
	24 000	12 012	0.5005

由上述数据可知，抛硬币次数 n 较小时，频率 $f_n(H)$ 在 0 与 1 之间随机波动，其幅度较大，但随着 n 的增大，频率 $f_n(H)$ 呈现出稳定性，即当 n 逐渐增大时，$f_n(H)$ 总在 0.5 附近摆动，并且逐渐稳定于 0.5。

此例表明，随着 n 的增大，事件 A 发生的频率的波动会越来越小，呈现出一种稳定性。这是随机事件一个极其重要的特性：频率的稳定性。这就启发我们用一个数来表征随

机事件 A 发生的可能性的大小，我们将这个数称为概率。将此描述作为概率的定义并不严谨，下面给出概率公理化定义。

二、概率公理化定义

定义 1-2 设 E 是随机试验，Ω 是它的样本空间。如果对于 E 的每个事件 A，都有一个实数 $P(A)$ 与它对应，并且满足以下条件：

(1) 非负性，即对于每个事件 A，有 $P(A) \geqslant 0$；

(2) 规范性，即对于必然事件 Ω，有 $P(\Omega) = 1$；

(3) 可列可加性，即设 A_1，A_2，$\cdots$ 是两两互不相容的事件，对于 $A_i A_j = \varnothing$，$i \neq j$，i，$j = 1, 2, \cdots$，有

$$P(A_1 \bigcup A_2 \bigcup \cdots) = P(A_1) + P(A_2) + \cdots$$

则称 $P(A)$ 为事件 A 的概率。

随机事件的概率具有以下性质：

性质 1 $P(\varnothing) = 0$。

证明 令 $A_n = \varnothing (n = 1, 2, \cdots)$，则 $\bigcup\limits_{n=1}^{\infty} A_n = \varnothing$，且 $A_i A_j = \varnothing$，$i \neq j$，i，$j = 1, 2, \cdots$。由概率的可列可加性知

$$P(\varnothing) = P(\bigcup\limits_{n=1}^{\infty} A_n) = \sum\limits_{n=1}^{\infty} P(A_n) = \sum\limits_{n=1}^{\infty} P(\varnothing)$$

由概率的非负性知 $P(\varnothing) \geqslant 0$，故 $P(\varnothing) = 0$。

性质 2(有限可加性) 若 A_1，A_2，$\cdots$，A_n 是两两互不相容事件，则有

$$P(A_1 \bigcup A_2 \bigcup \cdots \bigcup A_n) = P(A_1) + P(A_2) + \cdots + P(A_n)$$

证明 令 $A_{n+1} = A_{n+2} = \cdots = \varnothing$，即有

$$A_i A_j = \varnothing，i \neq j，i，j = 1, 2, \cdots$$

由概率的可列可加性知

$$P(A_1 \bigcup A_2 \bigcup \cdots \bigcup A_n) = P(\bigcup\limits_{k=1}^{\infty} A_k) = \sum\limits_{k=1}^{\infty} P(A_k)$$

$$= \sum\limits_{k=1}^{n} P(A_k) + 0$$

$$= P(A_1) + P(A_2) + \cdots + P(A_n)$$

性质 3 设 A、B 是两个事件，若 $A \subset B$，则有

$$P(B - A) = P(B) - P(A)$$

$$P(B) \geqslant P(A)$$

证明 由 $A \subset B$ 可知

$$B = A \bigcup (B - A)，且 A(B - A) = \varnothing$$

再由概率的有限可加性可知

$$P(B) = P(A) + P(B-A)$$

又由概率的非负性知 $P(B-A) \geqslant 0$，从而

$$P(B) \geqslant P(A)$$

性质 4　对于任一事件 A，有

$$P(A) \leqslant 1$$

证明　因为 $A \subset \Omega$，所以由性质 3 得

$$P(A) \leqslant P(\Omega) = 1$$

性质 5　对于任一事件 A，有

$$P(\overline{A}) = 1 - P(A)$$

证明　因为

$$A \cup \overline{A} = \Omega, \, A\overline{A} = \varnothing$$

由概率的有限可加性得

$$1 = P(\Omega) = P(A \cup \overline{A}) = P(A) + P(\overline{A})$$

所以

$$P(\overline{A}) = 1 - P(A)$$

性质 6(广义加法公式)　对于任意两个事件 A、B，有

$$P(A \cup B) = P(A) + P(B) - P(AB)$$

证明　因

$$A \cup B = A \cup (B-AB), \, A(B-AB) = \varnothing, \, AB \subset B$$

故由概率的性质 2 和性质 3 可得

$$P(A \cup B) = P(A) + P(B-AB) = P(A) + P(B) - P(AB)$$

概率加法公式还能推广到多个事件的情况。例如，设 A_1、A_2、A_3 为任意三个事件，则有

$$P(A_1 \cup A_2 \cup A_3) = P(A_1) + P(A_2) + P(A_3) - P(A_1 A_2) -$$
$$P(A_1 A_3) - P(A_2 A_3) + P(A_1 A_2 A_3)$$

一般地，对于任意 n 个事件 $A_1, A_2, \cdots, A_n$，可以用归纳法证得

$$P(A_1 \cup A_2 \cup \cdots \cup A_n) = \sum_{i=1}^{n} P(A_i) - \sum_{1 \leqslant i < j \leqslant n} P(A_i A_j) + \sum_{1 \leqslant i < j < k \leqslant n} P(A_i A_j A_k) +$$
$$\cdots + (-1)^{n-1} P(A_1 A_2 \cdots A_n)$$

例 1-4　在所有的两位数 10～99 中任取一个数，求这个数能被 2 或者 3 整除的概率。

解　设事件 A 表示取出的两位数能被 2 整除，事件 B 表示取出的两位数能被 3 整除，则事件 $A \cup B$ 表示取出的两位数能被 2 或 3 整除，事件 AB 表示取出的两位数能同时被 2 与 3 整除(即能被 6 整除)。因为所有的 90 个两位数中，能被 2 整除的数有 45 个，能被 3 整

除的数有 30 个，而能被 6 整除的数有 15 个，所以

$$P(A) = \frac{45}{90}, \quad P(B) = \frac{30}{90}, \quad P(AB) = \frac{15}{90}$$

从而

$$P(A \cup B) = \frac{45}{90} + \frac{30}{90} - \frac{15}{90} = \frac{60}{90} = \frac{2}{3} \approx 0.667$$

三、古典概型

实际中无法依据概率定义得到事件发生的概率，往往将大量重复试验中事件发生的频率作为概率的近似值，但也有一类简单又常见的问题，可以通过逻辑思维直接计算概率，这类问题称为古典概型。

古典概型具有下列特点：

(1) 试验的个数是有限的；

(2) 每次试验结果等可能出现；

(3) 每次试验只出一种结果。

根据上述特点，我们给出古典概型中事件的概率的定义：

定义 1-3 如果古典概型中的基本事件总数为 n，事件 A 包含的基本事件数为 m，则事件 A 的概率为

$$P(A) = \frac{m}{n} = \frac{事件\ A\ 包含的基本事件数}{基本事件总数}$$

概率的这种定义，称为概率的古典定义。

古典概型具有下列性质：

性质 1 非负性：$0 \leqslant P(A) \leqslant 1$。

性质 2 规范性：$P(\Omega) = 1$，$P(\varnothing) = 0$。

性质 3 可加性：若 $A \cap B = \varnothing$，则 $P(A \cup B) = P(A) + P(B)$。

例 1-5 掷一枚质地均匀的骰子，求：出现偶数点的概率和出现点数大于 4 的概率。

解 设 $A = \{出现偶数点\}$，$B = \{出现点数大于 4\}$。本试验为古典概型，基本事件总数 $n = 6$，"出现偶数点"的事件含有"出现 2 点、4 点、6 点"3 个基本事件，"出现点数大于 4"的事件含有"出现 5 点、6 点"2 个基本事件。利用古典概型概率公式可求得

$$P(A) = \frac{3}{6} = \frac{1}{2}$$

$$P(B) = \frac{2}{6} = \frac{1}{3}$$

例 1-6 袋中有 10 件产品，其中 7 件正品、3 件次品，从中取两次每次取 1 件，求：

(1) 第一次取到 1 件产品后不放回，第二次再取 1 件，且第一次取到正品、第二次取到

次品的事件 A 的概率；

（2）第一次取到 1 件产品后放回，第二次再取 1 件，且第一次取到正品、第二次取到次品的事件 B 的概率。

解 （1）此为不放回抽样。第一次取 1 件产品的方法有 10 种。因为不放回，所以第二次取 1 件产品的方法有 9 种。由乘法原则知，取两次的方法共有 10×9 种，即基本事件总数为 $n = 10 \times 9$。第一次取到正品、第二次取到次品的方法有 7×3 种，即事件 A 包含的基本事件数为 $m_1 = 7 \times 3$。故 $P(A)$ 为

$$P(A) = \frac{m_1}{n} = \frac{7 \times 3}{10 \times 9} = \frac{7}{30}$$

（2）此为放回抽样。由于有放回，因此第一次、第二次取 1 件产品的方法都是 10 种。由乘法原则知，取两次的方法共有 10×10 种，即基本事件总数为 $n = 10 \times 10$。第一次取到正品的方法有 7 种，第二次取到次品的方法有 3 种，由乘法原则知，事件 B 包含的基本事件数为 $m_2 = 7 \times 3$。故 $P(B)$ 为

$$P(B) = \frac{m_2}{n} = \frac{7 \times 3}{10 \times 10} = \frac{21}{100}$$

例 1-7 袋中装有 10 个球，其中 6 个白球、4 个红球。从袋中任取 3 个球，求：

（1）所取的 3 个球都是白球的事件 A 的概率；

（2）所取的 3 个球中恰有 2 个白球、1 个红球的事件 B 的概率；

（3）所取的 3 个球中最多有 1 个白球的事件 C 的概率；

（4）所取的 3 个球颜色相同的事件 D 的概率。

解 基本事件总数为

$$n = C_{10}^3 = \frac{10 \times 9 \times 8}{1 \times 2 \times 3} = 120$$

（1）事件 A 包含的基本事件数 $m_1 = C_6^3 = \dfrac{6 \times 5 \times 4}{1 \times 2 \times 3} = 20$，故

$$P(A) = \frac{m_1}{n} = \frac{20}{120} = \frac{1}{6}$$

（2）事件 B 包含的基本事件数 $m_2 = C_6^2 C_4^1 = \dfrac{6 \times 5 \times 4}{1 \times 2} = 60$，故

$$P(B) = \frac{m_2}{n} = \frac{60}{120} = \frac{1}{2}$$

（3）事件 C 的基本事件包含两类：第一类，1 个白球、2 个红球，其取法有 $C_6^1 C_4^2 = \dfrac{6 \times 4 \times 3}{1 \times 2} = 36$ 种；第二类，0 个白球、3 个红球，其取法有 $C_4^3 = 4$ 种。所以事件 C 包含的基本事件数 $m_3 = 36 + 4 = 40$，故

$$P(C) = \frac{m_3}{n} = \frac{40}{120} = \frac{1}{3}$$

（4）事件 D 的基本事件包含两类：第一类，3 个球都是白球，其取法有 $C_6^3 = 20$ 种；第二类，3 个球都是红球，其取法有 $C_4^3 = 4$ 种。所以事件 D 包含的基本事件数 $m_4 = 20 + 4 = 24$，故

$$P(D) = \frac{m_4}{n} = \frac{24}{120} = \frac{1}{5}$$

四、几何概型

古典概型是在假设试验的基本事件只有有限个的情形下给出的，对于试验的基本事件为无穷多个的情形，古典概型显然不够，因此，必须将此概念予以推广，使得概率的古典定义也能适用于试验的基本事件是无穷多个的情形。

例如，设在平面上有一区域 G，而区域 g 是它的某一部分，在区域 G 内任意投掷一点，求这点落在区域 g 内的概率。这里，"在区域 G 内任意投掷一点"应理解为：被投掷的点落在区域 G 内任一点处都是等可能的，并且落在区域 G 的任何部分的概率只与这部分的面积成比例，而与其位置和形状无关。于是，在区域 G 内任意投掷一点而落在区域 g 内的概率可以定义为

$$P = \frac{g \text{ 的面积}}{G \text{ 的面积}}$$

几何概型　假设试验的基本事件有无穷多个，但是可用某种几何特征（如长度、面积、体积）来表示其总和，设为 S，并且其中的一部分，即随机事件 A 所包含的基本事件数，也可用同样的几何特征来表示，设为 s，则随机事件 A 的概率定义如下：

$$P(A) = \frac{s}{S}$$

例 1-8　两人约定于早上 9 点到 10 点在某地会面，要求先到者等待 20 分钟，过时就离开，试求两人能会面的概率。

解　以 x 与 y 分别表示两人到达的时刻，则

$$9 \leqslant x \leqslant 10, \quad 9 \leqslant y \leqslant 10$$

满足两个不等式的点 (x, y) 构成边长为 1 的正方形 G，那么他们能会面的充要条件为

$$\left| x - y \right| \leqslant \frac{1}{3}$$

这个条件决定了 G 中一子集 g（见图 1-7）。于是约会问题等价于向 G 中掷点，求点落在 g 内的概率。这是几何概型，由公式得

$$P(A) = \frac{g \text{ 的面积}}{G \text{ 的面积}} = \frac{1 - \left(\frac{2}{3} \right)^2}{1} = \frac{5}{9}$$

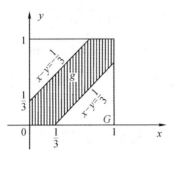

图 1-7

例 1-9　有一根长为 l 的木棒，任意折成三段，问恰好能构成一个三角形的概率。

解　设折得的三段木棒长度分别为 x、y 和 $l-x-y$，则样本空间为

$$G=\{(x,y)\,|\,0<x<l,\ 0<y<l,\ 0<x+y<l\}$$

而随机事件 $A=\{三段构成三角形\}$ 相应的小区域 g 应满足"两边之和大于第三边"的条件，由此得到

$$\begin{cases} l-x-y<x+y \\ x<(l-x-y)+y \\ y<(l-x-y)+x \end{cases}$$

即

$$g=\left\{(x,y)\,\bigg|\,0<x<\frac{l}{2},\ 0<y<\frac{l}{2},\ \frac{l}{2}<x+y<l\right\}$$

则

$$P(A)=\frac{\dfrac{1}{2}\times\dfrac{l}{2}\times\dfrac{l}{2}}{\dfrac{1}{2}\times l\times l}=\frac{1}{4}$$

第三节　条件概率、全概率公式和贝叶斯公式

一、条件概率

有时，某事件发生与否会受到其他事件的影响，为了描述这类问题，我们引入条件概率的概念。

定义 1-4　设 A、B 是随机试验的两个事件，且 $P(B)>0$，则称 $\dfrac{P(AB)}{P(B)}$ 为在事件 B 发生的条件下事件 A 发生的条件概率，或 A 关于 B 的条件概率，记作 $P(A\,|\,B)$，即

$$P(A\,|\,B)=\frac{P(AB)}{P(B)}$$

例 1-10　设 100 件某产品中有 5 件不合格品，而 5 件不合格品中又有 3 件次品、2 件废品。现在 100 件产品中任意抽取 1 件。

（1）求抽到废品的概率；

（2）已知抽到不合格品，求它是废品的概率。

解　设 $A=\{$抽到不合格品$\}$，$B=\{$抽到废品$\}$，则 $AB=\{$抽到不合格品且是废品$\}$。

（1）由题意知，$P(B)$ 为

$$P(B)=\frac{2}{100}=\frac{1}{50}$$

（2）5 件不合格品中有 2 件废品，则

$$P(A)=\frac{5}{100}$$

$$P(AB)=\frac{2}{100}$$

从而

$$P(B\mid A)=\frac{P(AB)}{P(A)}=\frac{\dfrac{2}{100}}{\dfrac{5}{100}}=\frac{2}{5}$$

二、概率乘法公式

由例 1-10 可知事件 B 与事件 $B\mid A$ 不是同一事件，所以概率不同，即 $P(B)\neq P(B\mid A)$，$P(AB)\neq P(B\mid A)$，但 $P(AB)$ 与 $P(B\mid A)$ 是有关系的。

定理 1-1　若 $P(B)>0$，则有 $P(A\mid B)=\dfrac{P(AB)}{P(B)}$；同样地，若 $P(A)>0$，则有 $P(B\mid A)=\dfrac{P(AB)}{P(A)}$。

上述两式可改写为 $P(AB)=P(B)\cdot P(A\mid B)$ 和 $P(AB)=P(A)\cdot P(B\mid A)$，这两个式子即概率乘法公式。

例 1-11　在 10 件产品中，有 7 件正品、3 件次品，从中取两次，每次取 1 件（不放回）。设 A 表示第一次取得正品，B 表示第二次取得正品，求 $P(A)$、$P(B\mid A)$ 及 $P(AB)$。

解　依题意知

$$P(A)=\frac{7}{10}$$

$$P(B\mid A)=\frac{6}{9}=\frac{2}{3}$$

$$P(AB)=P(A)\cdot P(B\mid A)=\frac{7}{10}\times\frac{2}{3}=\frac{7}{15}$$

例 1 - 12　若 $P(A)=0.8$，$P(B)=0.4$，$P(B|A)=0.25$，求 $P(A|B)$。

解　由于 $P(AB)=P(A) \cdot P(B|A)=0.8 \times 0.25=0.2$，因此

$$P(A|B)=\frac{P(AB)}{P(B)}=\frac{0.2}{0.4}=0.5$$

例 1 - 13　某人寿命为 70 岁的概率为 0.8，寿命为 80 岁的概率为 0.7，若该人现已 70 岁，问他能活到 80 岁的概率是多少？

解　设 A 表示某人寿命为 70 岁，B 表示某人寿命为 80 岁，则

$$P(A)=0.8，P(B)=0.7$$

由于 $A \supset B$，因此

$$AB=B，P(AB)=P(B)=0.7$$

从而

$$P(B|A)=\frac{P(AB)}{P(A)}=\frac{0.7}{0.8}=0.875$$

故已经活到 70 岁的人能够活到 80 岁的概率为 0.875。

概率乘法公式也可以推广到有限多个事件的情形，例如，对于 3 个事件 A_1、A_2、A_3，$P(A_1A_2) \neq 0$，则

$$P(A_1A_2A_3)=P(A_1) \cdot P(A_2|A_1) \cdot P(A_3|A_1A_2)$$

例 1 - 14　袋中有 3 件正品、2 件次品，每次从中取 1 件（不放回）。若取三次，求第三次才取得次品的事件 B 的概率。

解　设 A_1 表示第一次取得正品，A_2 表示第二次取得正品，A_3 表示第三次取得正品，则

$$B=A_1 A_2 \overline{A_3}$$

故

$$P(B)=P(A_1 A_2 \overline{A_3})=P(A_1) \cdot P(A_2|A_1) \cdot P(\overline{A_3}|A_1A_2)$$

用古典概型计算，有

$$P(A_1)=\frac{3}{5}，P(A_2|A_1)=\frac{2}{4}=\frac{1}{2}，P(\overline{A_3}|A_1A_2)=\frac{2}{3}$$

从而

$$P(B)=P(A_1) \cdot P(A_2|A_1) \cdot P(\overline{A_3}|A_1A_2)=\frac{3}{5} \times \frac{1}{2} \times \frac{2}{3}=\frac{1}{5}$$

例 1 - 15　某地区一年内刮风的概率为 $\frac{4}{15}$，下雨的概率为 $\frac{2}{15}$，既刮风又下雨的概率为 $\frac{1}{10}$。求：

（1）在刮风的条件下下雨的概率；

（2）在下雨的条件下刮风的概率。

解　设 $A=\{$刮风$\}$，$B=\{$下雨$\}$，则

$$AB=\{既刮风又下雨\}$$

且

$$P(A)=\frac{4}{15},\ P(B)=\frac{2}{15},\ P(AB)=\frac{1}{10}$$

（1）在刮风的条件下下雨的概率为条件概率 $P(B\mid A)$，则

$$P(B\mid A)=\frac{P(AB)}{P(A)}=\frac{\dfrac{1}{10}}{\dfrac{4}{15}}=\frac{3}{8}$$

（2）在下雨的条件下刮风的概率为条件概率 $P(A\mid B)$，则

$$P(A\mid B)=\frac{P(AB)}{P(B)}=\frac{\dfrac{1}{10}}{\dfrac{2}{15}}=\frac{3}{4}$$

三、全概率公式和贝叶斯公式

有时，我们遇到一个复杂的问题，总希望能将它分解成若干简单的问题来求解，概率中同样有这样的思想。

定理 1-2　设事件 A 当且仅当互不相容的事件 B_1，B_2，$\cdots$，B_n 中任一事件发生时才能发生，若已知事件 B_i 的概率 $P(B_i)$ 及事件 A 在 B_i 已发生的条件下的条件概率 $P(A\mid B_i)(i=1,2,\cdots,n)$，则事件 A 发生的概率为

$$P(A)=\sum_{i=1}^{n}P(B_i)P(A\mid B_i)$$

此公式叫作全概率公式。事件 B_1，B_2，$\cdots$，B_n 叫作关于事件的假设。

证明　因为事件 B_i 与 $B_j(i\neq j)$ 是互不相容的，所以事件 AB_i 与事件 AB_j 也是互不相容的，从而事件 A 可看作 n 个互不相容的事件 $AB_i(i=1,2,\cdots,n)$ 的并，即

$$A=AB_1+AB_2+\cdots+AB_n$$

根据概率加法公式得

$$P(A)=P(AB_1)+P(AB_2)+\cdots+P(AB_n)=\sum_{i=1}^{n}P(AB_i)$$

运用概率乘法公式得

$$P(A)=\sum_{i=1}^{n}P(B_i)P(A\mid B_i)$$

例 1-16　有 10 个袋子，各袋中装球情况如下：

(1) 2 个袋子中各装有 2 个白球与 4 个黑球;

(2) 3 个袋子中各装有 3 个白球与 3 个黑球;

(3) 5 个袋子中各装有 4 个白球与 2 个黑球。

任选一个袋子,并从中任取 2 个球,求取出的 2 个球都是白球的概率。

解　设事件 A 表示取出的 2 个球都是白球,事件 B_i 表示所选袋子中装球的情况属于第 $i(i=1,2,3)$ 种,易知

$$P(B_1)=\frac{2}{10}=\frac{1}{5},\ P(A\mid B_1)=\frac{C_2^2}{C_6^2}=\frac{1}{15}$$

$$P(B_2)=\frac{3}{10},\ P(A\mid B_2)=\frac{C_3^2}{C_6^2}=\frac{3}{15}=\frac{1}{5}$$

$$P(B_3)=\frac{5}{10}=\frac{1}{2},\ P(A\mid B_3)=\frac{C_4^2}{C_6^2}=\frac{6}{15}=\frac{2}{5}$$

故

$$P(A)=\frac{1}{5}\times\frac{1}{15}+\frac{3}{10}\times\frac{1}{5}+\frac{1}{2}\times\frac{2}{5}=\frac{41}{150}\approx0.273$$

定理 1-3(贝叶斯公式)　设样本空间为 Ω,B 为 Ω 中的事件,$A_1,A_2,\cdots,A_n$ 为两两互斥事件,且 $A_1+A_2+\cdots+A_n=\Omega$,$P(A_j)>0(j=1,2,\cdots,n)$,$P(B)>0$,则有

$$P(A_j\mid B)=\frac{P(A_j)P(B\mid A_j)}{\sum_{i=1}^{n}P(A_i)P(B\mid A_i)}\quad(j=1,2,\cdots,n)$$

此式称为贝叶斯公式,也称为逆概率公式。

证明　由条件概率及全概率公式,有

$$P(A_j\mid B)=\frac{P(A_jB)}{P(B)}=\frac{P(A_j)P(B\mid A_j)}{\sum_{i=1}^{n}P(A_i)P(B\mid A_i)}\quad(j=1,2,\cdots,n)$$

例 1-17　设某工厂有甲、乙、丙 3 个车间生产同一种产品,产量依次占全厂的 45%、35%、20%,且各车间的次品率分别为 4%、2%、5%。现在从一批产品中检查出 1 个次品,问该次品由哪个车间生产的可能性最大?

解　设 A_1、A_2、A_3 表示产品分别来自甲、乙、丙 3 个车间,B 表示"产品为次品"的事件,易知 $A_1+A_2+A_3$ 等于样本空间,A_1、A_2、A_3 两两互斥,且

$$P(A_1)=0.45,\ P(A_2)=0.35,\ P(A_3)=0.2$$
$$P(B\mid A_1)=0.04,\ P(B\mid A_2)=0.02,\ P(B\mid A_3)=0.05$$

由全概率公式得

$$P(B)=P(A_1)P(B\mid A_1)+P(A_2)P(B\mid A_2)+P(A_3)P(B\mid A_3)$$
$$=0.45\times0.04+0.35\times0.02+0.2\times0.05=0.035$$

由贝叶斯公式得

$$P(A_1 \mid B) = \frac{0.45 \times 0.04}{0.035} \approx 0.514$$

$$P(A_2 \mid B) = \frac{0.35 \times 0.02}{0.035} = 0.2$$

$$P(A_3 \mid B) = \frac{0.2 \times 0.05}{0.035} \approx 0.286$$

综上可知，该次品由甲车间生产的可能性最大。

例 1-18　根据以往的临床记录，某种诊断癌症的试验具有如下效果：对癌症患者进行试验，呈阳性反应者占 95%；对非癌症患者进行试验，呈阴性反应者占 96%。现用这种试验对某市居民进行癌症普查，如果该市癌症患者数量约占居民总数的 0.4%，求：

（1）试验结果呈阳性反应的被检查者确实患有癌症的概率；

（2）试验结果呈阴性反应的被检查者确实未患癌症的概率。

解　设事件 A 是试验结果呈阳性反应，事件 B 是被检查者患有癌症，则依题意有

$$P(B) = 0.004, \; P(A \mid B) = 0.95, \; P(\overline{A} \mid \overline{B}) = 0.96$$

由此可知

$$P(\overline{B}) = 0.996, \; P(\overline{A} \mid B) = 0.05, \; P(A \mid \overline{B}) = 0.04$$

（1）由贝叶斯公式得

$$P(B \mid A) = \frac{P(B)P(A \mid B)}{P(B)P(A \mid B) + P(\overline{B})P(A \mid \overline{B})} = \frac{0.004 \times 0.95}{0.004 \times 0.95 + 0.996 \times 0.04} \approx 0.0871$$

这表明试验结果呈阳性反应的被检查者确实患有癌症的概率的可能性不大，还需要进一步检查。

（2）由贝叶斯公式得

$$P(\overline{B} \mid \overline{A}) = \frac{P(\overline{B})P(\overline{A} \mid \overline{B})}{P(B)P(\overline{A} \mid B) + P(\overline{B})P(\overline{A} \mid \overline{B})} = \frac{0.996 \times 0.96}{0.004 \times 0.05 + 0.996 \times 0.96} \approx 0.9998$$

这表明试验结果呈阴性反应的被检查者确实未患有癌症的概率的可能性极大。

概率乘法公式、全概率公式、贝叶斯公式称为条件概率的 3 个重要公式，它们在解决某些复杂问题时起到了十分重要的作用。

第四节　事件的独立性与伯努利概型

一、事件的独立性

经验告诉我们，大雾天气发生车祸的可能性大一些，而天气的阴晴与彩票是否中奖无关，可见有些事件间有关系，有些事件间毫无关系。概率论中对此类问题进行了讨论，引

入了"事件的独立性"概念。

定义 1-5 如果在两个事件 A、B 中，任一事件的发生不影响另一事件发生的概率，即有 $P(A|B)=P(A)$ 或 $P(B|A)=P(B)$，则称事件 A 与事件 B 相互独立；否则，称事件 A 与事件 B 不独立。

事件的独立性具有如下性质：

性质 1 两个事件 A、B 相互独立的充要条件是

$$P(AB)=P(A) \cdot P(B)$$

性质 2 若事件 A、B 相互独立，则事件 $\bar{A}$ 与 $\bar{B}$、A 与 $\bar{B}$、$\bar{A}$ 与 B 也相互独立。

事件独立性的概念可以推广到 n 个事件的情形。

定义 1-6 设 A_1，A_2，$\cdots$，A_n 是 n 个事件，若对于任意的正整数 $k(2 \leqslant k \leqslant n)$ 和 $1 \leqslant i_1 < i_2 < \cdots < i_k \leqslant n$，有

$$P(A_{i_1}A_{i_2} \cdots A_{i_k})=P(A_{i_1})P(A_{i_2}) \cdots P(A_{i_k})$$

则称 A_1，A_2，$\cdots$，A_n 相互独立。

由定义 1-6 可以看出，n 个事件的相互独立可以保证这 n 个事件中任意两个事件相互独立，这就是所谓的两两相互独立，但它并不能保证这 n 个事件相互独立。在实际应用中，n 个事件是否相互独立往往是根据事件意义加以判断的。

例 1-19 甲、乙两人考大学，甲考上大学的概率为 0.7，乙考上大学的概率为 0.8，求：

(1) 甲、乙两人都考上大学的概率；

(2) 甲、乙两人中至少一人考上大学的概率。

解 设 $A=\{$甲考上大学$\}$，$B=\{$乙考上大学$\}$，则 $P(A)=0.7$，$P(B)=0.8$。

(1) 甲、乙两人都考上大学的事件是相互独立的，故

$$P(AB)=P(A)P(B)=0.7 \times 0.8=0.56$$

(2) 甲、乙两人中至少一人考上大学的概率为

$$P(A+B)=P(A)+P(B)-P(AB)=0.7+0.8-0.56=0.94$$

例 1-20 设盒子中装有 6 只球，其中 4 只白球、2 只红球，从盒子中任取两次，取后放回，每次取 1 球，求：

(1) 取到 2 只球都是白球的概率；

(2) 取到 2 只球颜色相同的概率；

(3) 取到 2 只球至少有 1 只是白球的概率。

解 设 $A_i(i=1,2)$ 表示事件"第 i 次取得白球"，则 $\overline{A_i}$ 表示事件"第 i 次取得红球"，于是 A_1A_2 表示事件"取得 2 只白球"，$A_1A_2+\overline{A_1}\overline{A_2}$ 表示事件"取得 2 只颜色相同的球"，A_1+A_2 表示事件"至少取得 1 只白球"。由于是放回抽样，因此事件"第一次取得白球"与事件"第二次取得白球"相互独立。依题意有

$$P(A_1) = P(A_2) = \frac{4}{6} = \frac{2}{3}$$

$$P(\overline{A_1}) = P(\overline{A_2}) = \frac{1}{3}$$

(1) $P(A_1 A_2) = P(A_1) P(A_2) = \frac{2}{3} \times \frac{2}{3} \approx 0.444$

(2) $P(A_1 A_2 + \overline{A_1 A_2}) = P(A_1 A_2) + P(\overline{A_1 A_2}) = P(A_1) P(A_2) + P(\overline{A_1}) P(\overline{A_2})$

$$= \frac{2}{3} \times \frac{2}{3} + \frac{1}{3} \times \frac{1}{3} \approx 0.556$$

(3) $P(A_1 + A_2) = P(A_1) + P(A_2) - P(A_1 A_2) = \frac{2}{3} + \frac{2}{3} - \frac{2}{3} \times \frac{2}{3} \approx 0.889$

二、伯努利概型

随机现象的统计规律性只有在相同条件下，进行大量的重复试验观察才能呈现出来，假如这些重复试验具有以下特点：

（1）每次试验条件都一样，但可能的结果为有限个；

（2）各次试验的结果不相互影响，或称为相互独立，

则这样的 n 次重复试验称为 n 次独立试验概型。特别是当每次试验的基本事件只有两种，即只有事件 A 或 $\overline{A}$，且 $P(A) = p$，$P(\overline{A}) = 1 - p = q$ 时，这样的 n 次重复试验称为 n 重伯努利概型。

定理 1-4 设在一次试验中，事件 A 发生的概率为 $p(0 < p < 1)$，则在 n 重伯努利试验中事件 A 恰好发生 k 次的概率为

$$P_n(k) = C_n^k p^k q^{n-k} = \frac{n!}{k!(n-k)!} p^k q^{n-k} \quad (p + q = 1, \ k = 0, 1, 2, \cdots, n)$$

证明 按独立事件的定义 1-6，n 次试验中事件 A 在某 k 次发生，而其余 $n-k$ 次不发生的概率应等于

$$\underbrace{p \cdot p \cdot \cdots \cdot p}_{k} \cdot \underbrace{q \cdot q \cdot \cdots \cdot q}_{n-k} = p^k q^{n-k}$$

因为只考虑事件 A 在 n 次试验中发生 k 次，而不论在哪 k 次发生，所以由组合论可知应有 C_n^k 种不同方式，按照概率的可列可加性，便得所求概率

$$P_n(k) = C_n^k p^k q^{n-k}$$

由于 n 次试验所有可能的结果就是事件 A 发生 $0, 1, 2, \cdots, n$，而这些结果是互不相容的，因此显然应有

$$\sum_{k=0}^{n} P_n(k) = 1$$

又由二项式定理同样可得

$$\sum_{k=0}^{n} C_n^k p^k q^{n-k} = (p+q)^n = 1^n = 1$$

容易看出，概率 $P_n(k)$ 就等于二项式 $(p+qx)^n$ 的展开式中 x^k 的系数，因此，我们将概率 $P_n(k)$ 的分布叫作二项分布。

定理 1-4 的推论如下：

推论　"在 n 次试验中事件 A 至少发生 k 次"的概率为

$$\sum_{m=k}^{n} P_n(m) = \sum_{m=k}^{n} C_n^m p^m q^{n-m} = 1 - \sum_{m=0}^{k-1} C_n^m p^m q^{n-m}$$

其中 $p+q=1$。

例 1-21　某射手每次击中目标的概率为 0.6，如果射击 5 次，试求至少击中 2 次的概率。

解　设 $A = \{$ 至少击中 2 次 $\}$，则有

$$P(A) = \sum_{k=2}^{5} C_5^2 (0.6)^k (0.4)^{5-k} = 1 - C_5^0 (0.6)^0 (0.4)^5 - C_5^1 (0.6)^1 (0.4)^4 = 0.826$$

例 1-22　某工厂生产某种元件的次品率为 2%，现从该厂产品中重复抽样检查 10 个元件，恰好有 2 个次品的概率是多少？

解　由于"重复抽样检查 10 个元件"就是独立地重复进行 10 次试验，而每次试验仅有正品或者次品两种可能结果，因此是伯努利概型。

令 $A = \{$ 任意抽取 10 个元件中恰好有 2 个次品 $\}$，则有

$$P(A) = P_{10}(2) = C_{10}^2 (0.98)^8 (0.02)^2 \approx 0.015$$

例 1-23　某批产品中有 20% 的次品，进行重复抽样检查，共取 5 个样品，求其中次品数分别等于 0、1、2、3、4、5 的概率。

解　已知 $n=5$，$p=0.2$，$q=0.8$，则

$$P_5(0) = 0.8^5 \approx 0.3277$$

$$P_5(1) = C_5^1 (0.2)^1 (0.8)^4 \approx 0.4096$$

$$P_5(2) = C_5^2 (0.2)^2 (0.8)^3 \approx 0.2048$$

$$P_5(3) = C_5^3 (0.2)^3 (0.8)^2 \approx 0.0512$$

$$P_5(4) = C_5^4 (0.2)^4 (0.8)^1 \approx 0.0064$$

$$P_5(5) = 0.2^5 \approx 0.0003$$

本 章 小 结

1. 随机事件的概念、事件之间的关系和简单运算

(1) 样本空间、样本点、随机试验、基本事件、必然事件等概念；

（2）事件之间的关系和简单运算，包括包含、交、并、补等关系。

2. 频率、概率的概念及概率的性质

（1）古典概型中事件 A 的概率计算公式为

$$P(A) = \frac{k}{n}$$

（2）几何概型中事件 A 的概率计算公式为

$$P(A) = \frac{g}{G}$$

3. 条件概率、概率乘法公式、全概率公式和贝叶斯公式

（1）条件概率：

$$P(A \mid B) = \frac{P(AB)}{P(B)} \quad (P(B) > 0)$$

（2）概率乘法公式：

$$P(AB) = P(A) \cdot P(B \mid A) \text{ 和 } P(AB) = P(B) \cdot P(A \mid B)$$

（3）全概率公式：

$$P(A) = \sum_{i=1}^{n} P(B_i) P(A \mid B_i) \quad (i = 1, 2, \cdots, n)$$

（4）贝叶斯公式：

$$P(A_j \mid B) = \frac{P(A_j) P(B \mid A_j)}{\sum\limits_{i=1}^{n} P(A_i) P(B \mid A_i)} \quad (j = 1, 2, \cdots, n)$$

4. 事件的独立性与伯努利概型

（1）事件独立的概念：

$$P(AB) = P(A) \cdot P(B)$$

（2）伯努利概型：每次试验的基本事件只有两种，即只有事件 A 或 $\overline{A}$，且 $P(A) = p$，$P(\overline{A}) = 1 - p = q$，这样的 n 次重复试验称为 n 重伯努利概型。

（3）n 重伯努利试验：事件 A 的概率为 $p(0 < p < 1)$，则在 n 次试验中事件 A 发生 k 次的概率为

$$P_n(k) = C_n^k p^k q^{n-k} = \frac{n!}{k!(n-k)!} p^k q^{n-k} \quad (p + q = 1, k = 0, 1, 2, \cdots, n)$$

【阅读材料】

概率论发展简史

概率论是一门研究随机现象规律的数学分支，其起源于 17 世纪中叶。当时在误差分析、人口统计、人寿保险等范畴中，有大量的随机数据资料需要整理和研究，从而孕育出

一种专门研究随机现象规律性的数学。但当时刺激数学家们首先思考概率论问题的是来自赌博者的问题。法国数学家费马向法国数学家帕斯卡提出如下问题：现有两个赌徒相约赌若干局，谁先赢 s 局就算谁赢了，当赌徒 A 先赢 a 局($a<s$)，而赌徒 B 赢 b 局($b<s$)时，赌博中止，问赌本应怎样分配才合理？随后他们从不同的角度出发，在 1654 年 7 月 29 日给出了正确的解法；三年后(即 1657 年)，荷兰数学家惠更斯亦用自己的方法解决了这一问题，并写成《论赌博中的计算》一书，这就是概率论最早的论著。他们三人提出的解法中都首次涉及数学期望这一概念，并由此奠定了古典概率论的基础。

使概率论成为数学的一个分支的另一名奠基人是瑞士数学家雅各布·伯努利，他的主要贡献是建立了概率论中的第一个极限定理，我们称其为"伯努利大数定理"，即：在多次重复试验中，频率有趋于稳定的趋势。这一定理在他去世后(即 1713 年)发表在他的遗著《猜度术》中。到了 1730 年，法国数学家棣莫弗出版了《分析杂论》，当中包含了著名的"棣莫弗-拉普拉斯定理"。这是概率论中第二个基本极限定理的雏形。接着拉普拉斯在 1812 年出版的《概率的分析理论》中，首先明确地对概率作了古典的定义。另外，他又和数个数学家建立了关于"正态分布"及"最小二乘法"的理论。

另一名概率论发展史上的代表人物是法国的泊松，他推广了伯努利形式下的大数定律，研究得出了一种新的分布——泊松分布。概率论继他们之后，其中心研究课题集中在推广和改进伯努利大数定律及中心极限定理。概率论发展到 1901 年，中心极限定理终于被严格地证明了，随后数学家们利用这一定理第一次科学地解释了为什么实际中遇到的许多随机变量近似服从正态分布。

到了 20 世纪 30 年代，人们开始研究随机过程，著名的马尔可夫过程理论在 1931 年奠定了其地位。苏联数学家柯尔莫哥洛夫在概率论发展史上亦作出了重大贡献。到了近代，出现了理论概率和应用概率的分支，又将概率论应用到不同范畴，从而开展了不同学科。因此，现代概率论已经成为一个非常庞大的数学分支。

习　题　一

一、选择题

1. 设 A、B 为随机事件，且 $P(A)=0.7$，$P(A-B)=0.3$，则 $P(\overline{AB})=($　　$)$。

A. 0.3　　　　　B. 0.5　　　　　C. 0.6　　　　　D. 0.7

2. 从 52 张扑克牌中任意取出 13 张，有 5 张黑桃、3 张红心、3 张方块、2 张梅花的概率是(　　)。

A. $\dfrac{C_{13}^5 C_{13}^3 C_{13}^3 C_{13}^2}{C_{52}^{13}}$　　B. $\dfrac{C_{13}^5 C_{13}^3 C_{13}^3}{C_{52}^{13}}$　　C. $\dfrac{C_{13}^3 C_{13}^3 C_{13}^2}{C_{52}^{13}}$　　D. $\dfrac{C_{13}^5 C_{13}^3 C_{13}^2}{C_{52}^{13}}$

3. 从一批由 45 件正品、5 件次品组成的产品中任取 3 件，其中恰有 1 件次品的概率是( )。

A. $\dfrac{C_{45}^2 C_5^1}{C_{50}^3}$ B. $\dfrac{C_{45}^3 C_5^1}{C_{50}^3}$ C. $\dfrac{C_{45}^2 C_4^1}{C_{50}^3}$ D. $\dfrac{C_{45}^1 C_5^1}{C_{50}^3}$

4. 把 10 本书任意放在书架上,其中指定的 3 本书放在一起的概率是( )。

A. $\dfrac{A_8^8 A_3^3}{A_{10}^{10}}$ B. $\dfrac{A_8^3}{A_{10}^{10}}$ C. $\dfrac{A_8^5}{A_{10}^{10}}$ D. $\dfrac{C_8^5}{A_{10}^{10}}$

5. 设事件 A、B 满足 $P(A\overline{B})=0.2$,$P(A)=0.6$,则 $P(AB)=($)。

A. 0.3   B. 0.4   C. 0.5   D. 0.6

6. 设 A、B、C 为三个事件,则事件 $\overline{A\bigcup B\bigcup C}$ 还可以写成( )。

A. $\overline{A}\,\overline{B}C$ B. $\overline{A}B\overline{C}$ C. ABC D. $\overline{A}\,\overline{B}\,\overline{C}$

7. 一批产品共 10 件,其中 2 件次品,从中任取 3 件,则取出的 3 件中恰有 1 件次品的概率是( )。

A. $\dfrac{7}{15}$ B. $\dfrac{6}{15}$ C. $\dfrac{8}{15}$ D. $\dfrac{3}{15}$

8. 一批产品中有 5% 不合格品,而合格品中一等品占 60%,从这批产品中任取 1 件,则该件产品是一等品的概率是( )。

A. 0.34   B. 0.46   C. 0.57   D. 0.61

9. 设 $P(A)=0.5$,$P(A\overline{B})=0.4$,则 $P(B\,|\,A)=($)。

A. 0.1   B. 0.2   C. 0.3   D. 0.4

10. 一个袋子中装有大小相同的 7 个球,其中 4 个白球、3 个黑球,从中一次抽取 3 个,则至少有 2 个是白球的概率是( )。

A. $\dfrac{21}{35}$ B. $\dfrac{22}{35}$ C. $\dfrac{23}{35}$ D. $\dfrac{24}{35}$

二、填空题

1. 设 A、B、C 表示 3 个随机事件,试将下列事件用 A、B、C 表示出来。

(1) A 发生:_____;

(2) A、B、C 都发生:_____;

(3) A、B、C 都不发生:_____;

(4) A、B、C 不都发生:_____;

(5) A 不发生,且 B、C 中至少有一个事件发生:_____;

(6) A、B、C 中至少有一个事件发生:_____;

(7) A、B、C 中恰有一个事件发生:_____;

(8) A、B、C 中至少有两个事件发生:_____;

(9) A、B、C 中最多有一个事件发生:_____。

2. 判断下列等式命题是否成立，并说明理由。

(1) $A \cup B = (AB) \cup B$ _____ ；

(2) $\overline{AB} = \overline{A} \cup \overline{B}$ _____ ；

(3) $\overline{\overline{A \cup B} \cap C} = \overline{ABC}$ _____ ；

(4) $(AB)(\overline{AB}) = \varnothing$ _____ ；

(5) 若 $A \subset B$，则 $A = AB$ _____ ；

(6) 若 $AB = \varnothing$，且 $C \subset A$，则 $BC = \varnothing$ _____ ；

(7) 若 $A \subset B$，则 $\overline{B} \supset \overline{A}$ _____ ；

(8) 若 $B \subset A$，则 $A \cup B = A$ _____ 。

3. 已知一个家庭有 3 个小孩，且其中一个为女孩，则至少有一个男孩的概率是 _____（小孩是男孩、女孩是等可能的）。

三、计算题

1. 任意投掷一颗骰子，观察出现的点数，设事件 A 表示"出现偶数点"，事件 B 表示"出现的点数能被 3 整除"。

(1) 写出试验的样本点及样本空间；

(2) 将事件 A 及 B 分别表示为样本点的集合；

(3) 将事件 $\overline{A}$、$\overline{B}$、$A \cup B$、AB、$\overline{A \cup B}$ 分别表示为样本点的集合。

2. 一批产品共 N 件，其中 M 件正品，从中随机取出 n 件 $(n < N)$，试求其中恰有 m 件 $(m \leqslant M)$ 正品 (记为 A) 的概率，如果：

(1) n 件是同时取出的；

(2) n 件是无放回逐件取出的；

(3) n 件是有放回逐件取出的。

3. 有甲、乙两批种子，发芽率分别为 0.8 和 0.7，在两批种子中各随机取 1 粒，求：

(1) 两粒都发芽的概率；

(2) 至少有 1 粒发芽的概率；

(3) 恰有 1 粒发芽的概率。

4. 某地某天下雪的概率为 0.3，下雨的概率为 0.5，既下雪又下雨的概率为 0.1，求：

(1) 在下雨条件下下雪的概率；

(2) 这天下雨或下雪的概率。

5. 两人约定上午 9 点到 10 点会面，求一个人等另一个人半小时以上的概率。

6. 从区间 $(0, 1)$ 中随机地取两个数，求：

(1) 两个数之和小于 $\dfrac{6}{5}$ 的概率；

（2）两个数之积小于 $\dfrac{1}{4}$ 的概率。

7. 按照以往考试结果分析，努力学习的学生有 90％ 的可能考试及格，不努力学习的学生有 90％ 的可能考试不及格。若学生中有 80％ 的人是努力学习的，试问：

（1）考试及格的学生有多大可能是不努力学习的学生；

（2）考试不及格的学生有多大可能是努力学习的学生。

8. 某工厂生产的产品中 96％ 是合格品，检查产品时，一个合格品被误认为是次品的概率为 0.02，一个次品被误认为是合格品的概率为 0.05，求在被检查后认为是合格品的产品确实为合格品的概率。

9. 某保险公司把被保险人分成 3 类："谨慎的""一般的""冒失的"。统计资料表明，上述 3 类人在一年内发生事故的概率依次是 0.05、0.15 和 0.30。如果"谨慎的"被保险人占 20％，"一般的"被保险人占 50％，"冒失的"被保险人占 30％，现知某被保险人在一年内发生了事故，则他是"谨慎的"概率是多少？

10. 加工某一零件需要经过四道工序，设第一、二、三、四道工序的次品率分别为 0.02、0.03、0.05、0.03，假定各道工序是相互独立的，求加工出来的零件的次品率。

11. 设某人每次射击的命中率为 0.2，问至少进行多少次独立射击才能使至少击中一次的概率不小于 0.9？

12. 设 A、B 为两个随机事件，证明：若 $P(A\mid B)=P(A\mid \overline{B})$，则 A、B 相互独立。

13. 三个人独立地破译一个密码，他们能单独译出的概率分别为 $\dfrac{1}{5}$、$\dfrac{1}{3}$、$\dfrac{1}{4}$，求此密码被破译出的概率。

14. 一架升降机开始时有 6 位乘客，并且等可能地停于 10 层楼的每一层，试求下列事件的概率：

（1）某指定的一层有 2 位乘客离开；

（2）没有 2 位及 2 位以上的乘客在同一层离开；

（3）恰有 2 位乘客在同一层离开；

（4）至少有 2 位乘客在同一层离开。

15. n 个朋友随机地围绕圆桌而坐。

（1）求甲、乙两人坐在一起，且乙坐在甲的左边的概率；

（2）求甲、乙、丙三人坐在一起的概率；

（3）如果 n 个人并排坐在长桌的一边，求事件（2）的概率。

16. 对任意的随机事件 A、B、C，试证：$P(AB)+P(AC)-P(BC)\leqslant P(A)$。

17. 将线段 $[0,a]$ 任意折成 3 段，试求这 3 段线段能构成三角形的概率。

18. 将 3 个球随机地放入 4 个杯子中，求杯子中球的最多个数分别为 1、2、3 的概率。

19. 某公司有工作人员 100 名，其中 35 岁以下的青年人 40 名，该公司每天在所有工作人员中随机选出 1 名为当天的值班员，且不论其是否在前一天刚好值过班。

(1) 已知第一天选出的是青年人，求第二天选出的是青年人的概率；

(2) 已知第一天选出的不是青年人，求第二天选出的是青年人的概率；

(3) 求第二天选出的是青年人的概率。

20. 求 n 重伯努利试验中 A 出现奇数次的概率。

21. 某人向同一目标独立重复射击，每次射击命中目标的概率为 $p(0 < p < 1)$，求此人第 4 次射击恰好第 2 次命中目标的概率。

第二章　一维随机变量及其分布

【本章导读】 为了更加深入地研究随机事件，本章我们引入随机变量及其分布等概念，借助高等数学知识，将概率论的研究对象由个别随机事件扩大为随机变量所表征的随机现象。后续章节，我们将主要研究随机变量及其分布。

第一节　离散型随机变量

一、随机变量

在随机试验中，试验的结果通常可以直接用数值来表示。例如，投掷一颗骰子，观察出现的点数；在抽样检验问题中，统计产品出现的废品数；射手进行射击时，统计击中目标的射击次数；记录某电话交换台一小时内接到的呼叫次数。有些试验的结果本身与数值无关，也常常能用数值来描述。例如，在抛硬币问题中，用实数"1"表示"正面朝上"，用实数"0"表示"反面朝上"。

在这些例子中，试验的结果能用一个数来表示。一般地，在随机试验中，这种取值依试验结果不同而变化的量，称为随机变量。下面给出随机变量的精确定义。

定义 2 - 1 设随机试验 E 的样本空间为 Ω，如果对于每一个 $e \in \Omega$，都有唯一的实数 $X(e)$ 与之对应，这样就得到一个定义在 Ω 上的实值单值函数 $X = X(e)$，称之为随机变量。

通常，我们用大写字母 X、Y、Z 等表示随机变量。对于随机变量，有以下几点说明：

（1）随机变量与普通的函数不同。随机变量是一个函数，但它与普通的函数有着本质的差别。普通函数是定义在实数轴上的，而随机变量是定义在样本空间上的（样本空间的元素不一定是实数）。

（2）随机变量的取值具有一定的概率规律。随机变量随着试验的结果不同而取不同的值，由于试验结果的出现具有一定的概率性，因此随机变量的取值也有一定的概率规律。

（3）随机变量与随机事件的关系。随机事件包含在随机变量这个范围更广的概念之内，或者说随机事件是从静态的观点来研究随机现象，而随机变量则是从动态的观点来研究随机现象。

下面我们再举几个随机变量的例子。

（1）某灯泡厂生产的一批灯泡中，灯泡的寿命为 X，则 X 的可能取值为 $[0, +\infty)$。

（2）将一枚硬币抛掷 4 次，用 X 表示出现正面的次数，则 X 是一个随机变量，它的所有可能取值为 0、1、2、3、4。

（3）某公共汽车站每隔 5 分钟有一辆汽车通过，如果某人到达该车站的时刻是随机的，则此人等车的时间 Y 是一个随机变量，它的所有可能取值为$[0,5]$。

引入随机变量后，就可以用随机变量 X 描述事件。一般对于任意的实数集合 L，$\{X \in L\}$ 表示事件$\{e \mid X(e) \in L\}$。

例如，上面例（1）中$\{$灯泡寿命不少于 500 h 而不超过 2000 h$\}$的事件，就可以用$\{500 \leqslant X \leqslant 2000\}$来表示；在掷骰子试验中，用 X 表示出现的点数，则"出现偶数点"可表示为$\{X=2\} \bigcup \{X=4\} \bigcup \{X=6\}$，"出现的点数小于 4"可表示为$\{X<4\}$或$\{X \leqslant 3\}$。

随机变量按是否连续分为离散型随机变量和连续型随机变量；按维数分为一维随机变量、二维随机变量和多维随机变量。本书主要讲解一维、二维离散型随机变量和连续型随机变量。

二、离散型随机变量

定义 2-2　如果随机变量的所有可能取值为有限个或可列无限多个，则称之为离散型随机变量。

前面讨论过的随机现象大部分都能用它来描述。例如，掷骰子出现的点数；产品抽样检验的废品数；射手击中目标的射击次数；某电话交换台一小时内接到的呼叫次数；抛硬币 4 次正面出现的次数。

对于离散型随机变量 X，已知 X 的所有可能取值以及 X 取每一个可能值的概率，也就掌握了随机变量 X 的统计规律。

定义 2-3　设离散型随机变量 X 所有可能的取值为$x_k(k=1,2,\cdots)$，X 取各个可能值的概率，即事件$\{X=x_k\}$的概率为

$$P\{X=x_k\}=p_k \quad (k=1,2,\cdots) \tag{2-1}$$

则称式（2-1）为离散型随机变量 X 的分布律或概率分布。分布律也可以用表格的形式来表示（见表 2-1）。

表 2-1　离散型随机变量 X 的分布律

X	x_1	x_2	$\cdots$	x_n	$\cdots$
p_k	p_1	p_2	$\cdots$	p_n	$\cdots$

由概率的定义可知，p_k 满足如下两个条件：

（1）$p_k \geqslant 0(k=1,2,\cdots)$；　　　　　　　　　　　　　　　　　　　　　　（2-2）

（2）$\displaystyle\sum_{k=1}^{\infty} p_k = 1$。　　　　　　　　　　　　　　　　　　　　　　　　　　（2-3）

注：凡满足条件（2-2）和条件（2-3）的函数p_k一定是某个离散型随机变量的分布律。

例 2 - 1 已知 10 件产品中有 3 件次品。

（1）不放回抽取 3 件，试求抽取的次品数的分布律；

（2）有放回抽取 3 件，试求抽取的次品数的分布律。

解 设 X 为抽取的次品数，

（1）由题意知

$$P\{X=0\}=\frac{C_7^3 C_3^0}{C_{10}^3}=\frac{7}{24}$$

$$P\{X=1\}=\frac{C_7^2 C_3^1}{C_{10}^3}=\frac{21}{40}$$

$$P\{X=2\}=\frac{C_7^1 C_3^2}{C_{10}^3}=\frac{7}{40}$$

$$P\{X=3\}=\frac{C_7^0 C_3^3}{C_{10}^3}=\frac{1}{120}$$

故不放回的分布律为

X	0	1	2	3
p_k	$\frac{7}{24}$	$\frac{21}{40}$	$\frac{7}{40}$	$\frac{1}{120}$

（2）由题意知

$$P\{X=0\}=C_3^0 0.7^3 0.3^0=0.343$$

$$P\{X=1\}=C_3^1 0.7^2 0.3^1=0.441$$

$$P\{X=2\}=C_3^2 0.7^1 0.3^2=0.189$$

$$P\{X=3\}=C_3^3 0.7^0 0.3^3=0.027$$

故有放回的分布律为

X	0	1	2	3
p_k	0.343	0.441	0.189	0.027

例 2 - 2 一汽车沿街道行驶时须依次通过三个均设有红绿灯的路口。设各红绿灯相互独立，且红绿两种信号显示的时间相同，求汽车行驶至路口时未遇到红灯的路口数的分布律。

解 设汽车未遇到红灯的路口数为 X，则 X 的可能值为 0、1、2、3。

设 $A_i(i=1,2,3)$ 表示汽车在第 i 个路口首次遇到红灯，则 A_1、A_2、A_3 相互独立，且 $P(A_i)=P(\overline{A_i})=\frac{1}{2}(i=1,2,3)$，则对 $i=0,1,2,3$，有

$$P\{X=0\}=P(A_1)=\frac{1}{2}$$

$$P\{X=1\}=P(\overline{A_1}A_2)=P(\overline{A_1})P(A_2)=\frac{1}{2^2}=\frac{1}{4}$$

$$P\{X=2\}=P(\overline{A_1}\ \overline{A_2}A_3)=P(\overline{A_1})P(\overline{A_2})P(A_3)=\frac{1}{2^3}=\frac{1}{8}$$

$$P\{X=3\}=P(\overline{A_1}\ \overline{A_2}\ \overline{A_3})=P(\overline{A_1})P(\overline{A_2})P(\overline{A_3})=\frac{1}{2^3}=\frac{1}{8}$$

因此，汽车未遇到红灯的路口数 X 的分布律为

X	0	1	2	3
p_k	$\frac{1}{2}$	$\frac{1}{4}$	$\frac{1}{8}$	$\frac{1}{8}$

例 2-3 某人有 n 把外形相似的钥匙，其中只有 1 把能打开房门，但他不知道是哪一把，只好逐一试开。求此人直至将门打开所需的试开次数的分布律。

解 设此人将门打开所需的试开次数为 X，则 X 的取值为 $k=1,2,3,\cdots,n$，事件 $\{X=k\}=\{$前 $k-1$ 次未打开，第 k 次才打开$\}$，则

$$P\{X=1\}=\frac{1}{n}$$

$$P\{X=2\}=\frac{n-1}{n}\cdot\frac{1}{n-1}=\frac{1}{n}$$

$$\vdots$$

$$P\{X=k\}=\frac{n-1}{n}\cdot\frac{n-2}{n-1}\cdots\frac{n-k+1}{n-k+2}\cdot\frac{1}{n-k+1}=\frac{1}{n} \quad (k=1,2,\cdots,n)$$

故所需试开次数 X 的分布律为

X	1	2	$\cdots$	k	$\cdots$	n
p_k	$\frac{1}{n}$	$\frac{1}{n}$	$\cdots$	$\frac{1}{n}$	$\cdots$	$\frac{1}{n}$

下面介绍三种重要的离散型随机变量。

1.0-1 分布

设随机变量 X 只可能取 0 与 1 两个值，它的分布律为

$$P\{X=k\}=p^k(1-p)^{1-k},k=0,1 \quad (0<p<1)$$

则称 X 服从以 p 为参数的 0-1 分布或两点分布。它的分布律也可以写成表 2-2 的形式。

表 2 - 2　0 - 1 分布的分布律

X	0	1
p_k	$1-p$	p

凡是只有两个结果的试验都可以用 0 - 1 分布来描述。例如，对新生婴儿的性别登记；检验产品的质量是否合格；打靶命中与否的概率分布等。

例 2 - 4　一批产品有 500 件，其中有 10 件次品，从中任取 1 件，用 $\{X=0\}$ 表示取到次品，$\{X=1\}$ 表示取到正品，请写出 X 的分布律。

解　由题意可知

$$P\{X=0\}=\frac{10}{500}=0.02$$

$$P\{X=1\}=\frac{490}{500}=0.98$$

因此 X 的分布律为

X	0	1
p_k	0.02	0.98

2. 二项分布

在 n 重伯努利试验中，设 $P(A)=p(0<p<1)$，用 X 表示 n 次试验中事件 A 发生的次数，则 X 的所有可能取值为 $0,1,2,\cdots,n$，由二项概率公式知 X 的分布律为

$$P\{X=k\}=C_n^k p^k (1-p)^{n-k} \quad (k=0,1,2,\cdots,n) \tag{2-4}$$

显然

$$P\{X=k\}\geqslant 0 \quad (k=0,1,2,\cdots,n)$$

$$\sum_{k=0}^{n} P\{X=k\}=\sum_{k=0}^{n} C_n^k p^k (1-p)^{n-k}=[p+(1-p)]^n=1$$

即式(2-4)满足分布律的性质。

一般地，如果随机变量 X 的分布律由式(2-4)给出，则称随机变量 X 服从参数为 n，p 的二项分布(或伯努利分布)，记作 $X \sim B(n,p)$。

特别地，当 $n=1$ 时，二项分布 $B(1,p)$ 的分布律为

$$P\{X=k\}=p^k (1-p)^{1-k} \quad (k=0,1)$$

这就是 0 - 1 分布。

例 2 - 5　假设 3 个人进入一家服装店，每个人购买的概率均为 0.3，而且彼此相互独立，求：

(1) 3 个人中 2 个人购买的概率；

（2）3 个人中至少 2 个人购买的概率；

（3）3 个人中至多 2 个人购买的概率。

解　设 X 为 3 个人中购买服装的人数，则 $X \sim B(3,0.3)$。

（1）3 个人中 2 个人购买的概率，即 $X=2$ 的概率，由二项分布的概率公式得

$$P\{X=2\}=C_n^k p^k (1-p)^{n-k}=C_3^2 0.3^2 0.7^{3-2}=0.189$$

（2）3 个人中至少有 2 个人购买的概率，即 $X=2$ 和 $X=3$ 的概率为

$$P\{X \geqslant 2\}=\sum_{k=2}^{3}P\{X=k\}=\sum_{k=2}^{3}C_3^k 0.3^k 0.7^{3-k}=0.189+0.027=0.216$$

（3）3 个人中至多有 2 个人购买的概率，即 $X=0$，$X=1$ 和 $X=2$ 的概率为

$$P\{X \leqslant 2\}=\sum_{k=0}^{2}P\{X=k\}=\sum_{k=0}^{2}C_3^k 0.3^k 0.7^{3-k}=0.343+0.441+0.189=0.973$$

例 2-6　考试卷中有 10 道单选题，每道题有 4 个答案，求某人猜中 6 道题以上的概率。

解　由题意知每道题猜中率为 $p=\dfrac{1}{4}$，用 X 表示猜中的题数，则 $X \sim B\left(10,\dfrac{1}{4}\right)$，于是

$$P\{X \geqslant 6\}=P\{X=6\}+P\{X=7\}+P\{X=8\}+P\{X=9\}+P\{X=10\}$$

$$=C_{10}^6\left(\frac{1}{4}\right)^6\left(\frac{3}{4}\right)^4+C_{10}^7\left(\frac{1}{4}\right)^7\left(\frac{3}{4}\right)^3+C_{10}^8\left(\frac{1}{4}\right)^8\left(\frac{3}{4}\right)^2+$$

$$C_{10}^9\left(\frac{1}{4}\right)^9\left(\frac{3}{4}\right)^1+C_{10}^{10}\left(\frac{1}{4}\right)^{10}\left(\frac{3}{4}\right)^0$$

$$\approx 0.02$$

3. 泊松分布

设随机变量 X 的所有可能取值为 $0,1,2,\cdots$，取各个值的概率为

$$P\{X=k\}=\frac{\lambda^k e^{-\lambda}}{k!}\quad(k=0,1,2,\cdots)$$

其中 $\lambda>0$ 是常数，则称 X 服从参数为 λ 的泊松分布，记为 $X \sim P(\lambda)$。

易验证，$P\{X=k\}$ 满足条件（2-2）和条件（2-3）。

例 2-7　电话交换台每分钟接到的呼唤次数 X 为随机变量，设 $X \sim P(4)$，求一分钟内接到的呼叫次数：

（1）恰好为 8 次的概率；

（2）不超过 1 次的概率。

解　由题意知 $X \sim P(4)$，且 $\lambda=4$，故

$$P\{X=k\}=\frac{4^k}{k!}e^{-4}\quad(k=0,1,2,\cdots)$$

（1）恰好为 8 次的概率为

$$P\{X=8\}=\frac{4^8}{8!}e^{-4}=0.0298$$

（2）不超过 1 次的概率为

$$P\{X\leqslant 1\}=P\{X=0\}+P\{X=1\}=\frac{4^0}{0!}e^{-4}+\frac{4^1}{1!}e^{-4}=0.092$$

当 n 很大，p 很小时，二项分布可以用泊松分布近似，有

$$C_n^k p^k(1-p)^{n-k}\approx\frac{\lambda^k}{k!}e^{-\lambda}\quad(\text{其中}\ \lambda=np)$$

也就是说，泊松分布可以看作一个概率很小的事件在大量试验中出现次数的概率分布。在实际计算中，当 $n\geqslant 20$，$p\leqslant 0.05$ 时，用上述近似公式效果颇佳。

第二节 随机变量的分布函数

对于非离散型随机变量 X，其取值不能一个个列举出来，因此在一般情况下需研究随机变量取值落在某区间 $(x_1, x_2]$ 中的概率，即求 $P\{x_1<X\leqslant x_2\}$。但由于

$$P\{x_1<X\leqslant x_2\}=P\{X\leqslant x_2\}-P\{X\leqslant x_1\}$$

因此研究 $P\{x_1<X\leqslant x_2\}$ 就归结为研究形如 $P\{X\leqslant x\}$ 的概率问题。不难看出，$P\{X\leqslant x\}$ 的值常随不同的 x 而变化，它是 x 的函数，于是引入下面关于分布函数的概念。

定义 2-4 设 X 是一个随机变量，x 是任意实数，函数

$$F(x)=P\{X\leqslant x\} \tag{2-5}$$

称为 X 的分布函数。

对于任意 $x_1, x_2(x_1<x_2)$，有

$$P\{x_1<X\leqslant x_2\}=P\{X\leqslant x_2\}-P\{X\leqslant x_1\}=F(x_2)-F(x_1)$$

因此，若已知 X 的分布函数，我们就能知道 X 落在任一区间 $(x_1, x_2]$ 上的概率，从这个意义上说，分布函数完整地描绘了随机变量的统计规律性。

如果将 X 看成是数轴上随机点的坐标，那么分布函数 $F(x)$ 在 x 处的函数值就表示 X 落在区间 $(-\infty, x]$ 上的概率。

分布函数 $F(x)$ 具有如下性质：

（1）$F(x)$ 为单调不减的函数。

事实上，若 $x_1<x_2$，则 $F(x_2)-F(x_1)=P\{x_1<X\leqslant x_2\}\geqslant 0$，因此 $F(x_1)\leqslant F(x_2)$。

（2）$0\leqslant F(x)\leqslant 1$，且

$$F(-\infty)=\lim_{x\to-\infty}F(x)=0,\ F(+\infty)=\lim_{x\to+\infty}F(x)=1$$

（3）$F(x+0)=F(x)$，即 $F(x)$ 为右连续。

反过来可以证明，任一满足这三个性质的函数，一定可以作为某个随机变量的分布函数。

例 2-8　某篮球运动员每次投篮投中的概率为 0.8，设他在 2 次独立投篮中投中的次数为 X，求 X 的分布律与分布函数，并作出分布函数的图形。

解　X 的分布律为

X	0	1	2
p_k	0.04	0.32	0.64

X 的分布函数为

$$F(x)=\begin{cases}0, & x<0 \\ 0.04, & 0\leqslant x<1 \\ 0.36, & 1\leqslant x<2 \\ 1, & x\geqslant 2\end{cases}$$

$F(x)$ 的图形如图 2-1 所示。

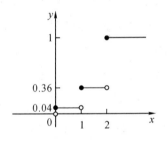

图 2-1

从 $F(x)$ 的图形可知，$F(x)$ 是分段函数，$y=F(x)$ 的图形是阶梯曲线，在 X 的可能取值 0，1，2 处为 $F(x)$ 的跳跃型间断点。一般地，设离散型随机变量 X 的分布律为

$$P\{X=x_k\}=p_k \quad (k=1,2,\cdots)$$

则 X 的分布函数为

$$F(x)=P(X\leqslant x)=\sum_{x_k\leqslant x}P(X=x_k)=\sum_{x_k\leqslant x}p_k \tag{2-6}$$

这里和式是对所有满足 $x_k\leqslant x$ 的 k 求和。此外，分布函数 $F(x)$ 在 $x=x_k(k=1,2,\cdots)$ 处有跳跃，其跳跃值为 $p_k=P\{X=x_k\}$。

例 2-9　设 X 的分布律为

X	0	1	2	3
p_k	0.2	0.3	0.1	0.4

（1）求 X 的分布函数；

（2）计算 $P\{-1\leqslant X\leqslant 1\}$，$P\{0\leqslant X\leqslant 1.5\}$，$P\{X\geqslant 2\}$。

解　(1) X 的分布函数为

$$F(x)=\begin{cases}0, & x<0 \\ 0.2, & 0\leqslant x<1 \\ 0.5, & 1\leqslant x<2 \\ 0.6, & 2\leqslant x<3 \\ 1, & x\geqslant3\end{cases}$$

(2) $P\{-1\leqslant X\leqslant1\}=P\{X=-1\}+P\{-1<X\leqslant1\}$

$\qquad\qquad\qquad\quad=P\{X=-1\}+F(1)-F(-1)$

$\qquad\qquad\qquad\quad=0+0.5-0$

$\qquad\qquad\qquad\quad=0.5$

$P\{0\leqslant X\leqslant1.5\}=P\{X=0\}+P\{0<X\leqslant1.5\}$

$\qquad\qquad\qquad\quad=P\{X=0\}+F(1.5)-F(0)$

$\qquad\qquad\qquad\quad=0.2+0.5-0.2$

$\qquad\qquad\qquad\quad=0.5$

$P\{X\geqslant2\}=P\{X=2\}+P\{X>2\}$

$\qquad\qquad\quad=P\{X=2\}+1-F(2)$

$\qquad\qquad\quad=0.1+1-0.6$

$\qquad\qquad\quad=0.5$

第三节　连续型随机变量及其概率密度

我们已经研究了离散型随机变量,这类随机变量的特点是它的可能取值及其相对应的概率能被逐个地列出,可以通过分布律来描述。这一节我们将要研究的连续型随机变量就不具有这样的性质了。连续型随机变量的特点是它的可能取值连续地充满某个区间甚至整个数轴,因此,讨论连续型随机变量在某点的概率是毫无意义的。下面我们就来介绍对连续型随机变量的描述方法。

定义 2-5　如果对于随机变量 X 的分布函数 $F(x)$,存在非负函数 $f(x)$,使对任意实数 x,有

$$F(x)=\int_{-\infty}^{x}f(t)\mathrm{d}t \qquad\qquad (2-7)$$

则称 X 为连续型随机变量,其中函数 $f(x)$ 称为 X 的概率密度函数,简称概率密度。

由定义及微积分理论知,连续型随机变量的分布函数是连续函数,并且概率密度函数 $f(x)$ 具有以下性质:

(1) $f(x)\geqslant0$;

(2) $\int_{-\infty}^{+\infty} f(x)\mathrm{d}x = 1$;

(3) $P\{x_1 < X \leqslant x_2\} = F(x_2) - F(x_1) = \int_{x_1}^{x_2} f(x)\,\mathrm{d}x\,(x_1 \leqslant x_2)$;

(4) 若 $f(x)$ 在点 x 处连续，则有 $F'(x) = f(x)$。

需要指出的是，满足性质(1)和性质(2)的函数一定可以作为某一连续型随机变量的概率密度函数。

在几何上，可直观看到：概率密度曲线总是位于 x 轴上方，并且介于它和 x 轴之间的面积为1；随机变量落在区间 $(a, b]$ 上的概率 $P\{a < X \leqslant b\}$ 等于区间 $(a, b]$ 上曲线 $y = f(x)$ 以下的曲边梯形的面积(如图 2-2 所示)。

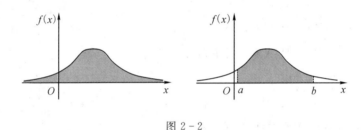

图 2-2

对于连续型随机变量 X，它取任一实数 x 的概率都是 0，即 $P\{X = x\} = 0$，因此

$$P\{a \leqslant X < b\} = P\{a < X \leqslant b\} = P\{a \leqslant X \leqslant b\} = P\{a < X < b\}$$
$$= F(b) - F(a)$$

连续型随机变量的这一特性是它与离散型随机变量的最大差异。这一特性也表明，概率为 0 的事件未必是不可能事件。根据这一特性，在计算连续型随机变量落在某一区间的概率时，可不必区分该区间端点的情况。

例 2-10 设随机变量 X 的概率密度为

$$f(x) = \begin{cases} a(1-x), & 0 < x < 1 \\ 0, & \text{其他} \end{cases}$$

求：

(1) 常数 a；

(2) X 的分布函数 $F(x)$；

(3) $P\left\{\dfrac{1}{3} \leqslant X < \dfrac{1}{2}\right\}$。

解 (1) 由 $\int_{-\infty}^{+\infty} f(x)\mathrm{d}x = 1$ 得

$$\int_0^1 a(1-x)\mathrm{d}x = 1$$

解得 $a = 2$，故 X 的概率密度为

$$f(x) = \begin{cases} 2-2x, & 0<x<1 \\ 0, & \text{其他} \end{cases}$$

（2）当 $x \leqslant 0$ 时，

$$F(x) = \int_{-\infty}^{x} 0 \mathrm{d}x = 0$$

当 $0 < x < 1$ 时，

$$F(x) = \int_{-\infty}^{0} 0 \mathrm{d}x + \int_{0}^{x} (2-2x) \mathrm{d}x = 2x - x^2$$

当 $x \geqslant 1$ 时，

$$F(x) = \int_{-\infty}^{0} 0 \mathrm{d}x + \int_{0}^{1} (2-2x) \mathrm{d}x + \int_{1}^{x} 0 \mathrm{d}x = 1$$

故 X 的分布函数为

$$F(x) = \begin{cases} 0, & x \leqslant 0 \\ 2x - x^2, & 0<x<1 \\ 1, & x \geqslant 1 \end{cases}$$

（3）$P\left\{\dfrac{1}{3} \leqslant X < \dfrac{1}{2}\right\} = F\left(\dfrac{1}{2}\right) - F\left(\dfrac{1}{3}\right) = \dfrac{7}{36}$

例 2 - 11　设连续型随机变量 X 的分布函数为

$$F(x) = \begin{cases} 0, & x<0 \\ Ax^2, & 0 \leqslant x < 1 \\ 1, & x \geqslant 1 \end{cases}$$

试求：

（1）常数 A；

（2）X 的概率密度；

（3）$P\{0.3 < x < 0.7\}$。

　解　（1）由于 X 为连续型随机变量，因此 $F(x)$ 是连续函数，从而

$$1 = F(1) = \lim_{x \to 1^-} F(x) = \lim_{x \to 1^-} Ax^2 = A$$

即 $A = 1$，于是

$$F(x) = \begin{cases} 0, & x<0 \\ x^2, & 0 \leqslant x < 1 \\ 1, & x \geqslant 1 \end{cases}$$

（2）X 的概率密度为

$$f(x) = F'(x) = \begin{cases} 2x, & 0 \leqslant x < 1 \\ 0, & \text{其他} \end{cases}$$

（3）$P\{0.3 < x < 0.7\} = F(0.7) - F(0.3) = 0.7^2 - 0.3^2 = 0.4$

下面介绍三种重要的连续型随机变量。

1. 均匀分布

若连续型随机变量 X 的概率密度为

$$f(x)=\begin{cases}\dfrac{1}{b-a}, & a<x<b \\ 0, & \text{其他}\end{cases}\qquad(2-8)$$

则称 X 在区间 (a,b) 上服从均匀分布,记为 $X\sim U(a,b)$。

易知 $f(x)\geqslant0$,且 $\displaystyle\int_{-\infty}^{+\infty}f(x)\,\mathrm{d}x=\int_a^b\dfrac{1}{b-a}\mathrm{d}x=1$。

X 的分布函数为

$$F(x)=\begin{cases}0, & x<a \\ \dfrac{x-a}{b-a}, & a\leqslant x<b \\ 1, & x\geqslant b\end{cases}\qquad(2-9)$$

$f(x)$ 与 $F(x)$ 的图形分别如图 2-3 和图 2-4 所示。

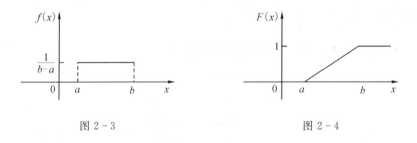

图 2-3　　　　　　　　　　　　　　　图 2-4

如果 $X\sim U(a,b)$,那么对于满足 $a\leqslant c<d\leqslant b$ 的任意实数 c、d,都有

$$P\{c\leqslant X\leqslant d\}=\int_c^d\dfrac{1}{b-a}\mathrm{d}x=\dfrac{d-c}{b-a}$$

这说明随机变量 X 落在区间 $[a,b]$ 上的任意一子区间 $[c,d]$ 内的概率,只依赖于区间 $[c,d]$ 的长度,而与子区间的位置无关,这正是均匀分布的概率意义。

例 2-12　某机场每隔 20 分钟向市区发一辆班车,假设乘客在相邻两辆班车间的 20 分钟内的任一时刻到达候车处的可能性相等,求乘客候车时间在 5~10 分钟之内的概率。

解　设乘客候车时间为 X(单位:分钟),由题意,X 在 $[0,20]$ 上等可能取值,即 X 服从 $[0,20]$ 上的均匀分布,X 的概率密度为

$$f(x)=\begin{cases}\dfrac{1}{20}, & 0<x<20 \\ 0, & \text{其他}\end{cases}$$

于是乘客等车的时间在 5~10 分钟之内的概率为

$$P\{5\leqslant X\leqslant10\}=\int_5^{10}f(x)\,\mathrm{d}x=\int_5^{10}\dfrac{1}{20}\mathrm{d}x=0.25$$

2. 指数分布

如果连续型随机变量 X 的概率密度为

$$f(x)=\begin{cases}\lambda\mathrm{e}^{-\lambda x}, & x>0 \\ 0, & x\leqslant0\end{cases} \quad (2-10)$$

其中 $\lambda>0$ 为常数，则称 X 服从参数为 λ 的指数分布，记作 $X\sim E(\lambda)$。

显然 $f(x)\geqslant0$，且 $\int_{-\infty}^{+\infty}f(x)\,\mathrm{d}x=\int_{0}^{+\infty}\lambda\mathrm{e}^{-\lambda x}\,\mathrm{d}x=1$。

X 的分布函数为

$$F(x)=\begin{cases}1-\mathrm{e}^{-\lambda x}, & x>0 \\ 0, & x\leqslant0\end{cases} \quad (2-11)$$

$f(x)$ 与 $F(x)$ 的图形分别如图 2-5 和图 2-6 所示。

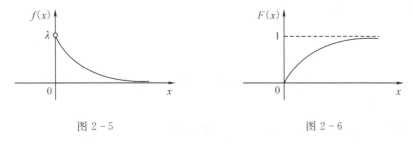

图 2-5　　　　　　　　　　　　　　　　　　图 2-6

指数分布常被用作各种"寿命"的分布，如电子元件的使用寿命，动物的寿命，电话的通话时间，顾客在某一服务系统接受服务的时间等都可以假定服从指数分布，因而指数分布有着广泛的应用。

例 2-13　某种电脑显示器的使用寿命（单位：千小时）X 服从参数为 $\lambda=1/50$ 的指数分布。生产厂家承诺：购买者使用 1 年内显示器损坏将免费予以更换。

（1）假设用户一般每年使用电脑 2000 小时，求厂家须免费为其更换显示器的概率；

（2）求显示器至少可以使用 10 000 小时的概率；

（3）已知某台显示器已经使用 10 000 小时，求其至少还能用 10 000 小时的概率。

解　因为 X 服从参数为 $\lambda=1/50$ 的指数分布，所以 X 的密度函数为

$$f(x)=\begin{cases}\dfrac{1}{50}\mathrm{e}^{-\frac{x}{50}}, & x>0 \\ 0, & x\leqslant0\end{cases}$$

（1）$P\{x<2\}=\displaystyle\int_{0}^{2}\dfrac{1}{50}\mathrm{e}^{-\frac{x}{50}}\,\mathrm{d}x=-\mathrm{e}^{-\frac{x}{50}}\Big|_{0}^{2}=1-\mathrm{e}^{-\frac{2}{50}}\approx0.0392$

（2）$P\{x>10\}=\displaystyle\int_{10}^{+\infty}\dfrac{1}{50}\mathrm{e}^{-\frac{x}{50}}\,\mathrm{d}x=-\mathrm{e}^{-\frac{x}{50}}\Big|_{10}^{+\infty}=\mathrm{e}^{-\frac{10}{50}}\approx0.8187$

（3）$P\{x>20\,|\,x>10\}=\dfrac{P\{x>20\}}{P\{x>10\}}=\dfrac{\mathrm{e}^{-\frac{20}{50}}}{\mathrm{e}^{-\frac{10}{50}}}=\mathrm{e}^{-\frac{10}{50}}\approx0.8187$

3. 正态分布

若连续型随机变量 X 的概率密度为

$$f(x) = \frac{1}{\sqrt{2\pi}\,\sigma} \mathrm{e}^{-\frac{(x-\mu)^2}{2\sigma^2}} \quad (-\infty < x < +\infty) \tag{2-12}$$

其中 μ, $\sigma(\sigma>0)$ 为常数，则称 X 服从参数为 μ, σ 的正态分布或高斯(Gauss)分布，记作 $X \sim N(\mu, \sigma^2)$。X 的分布函数为

$$F(x) = \frac{1}{\sqrt{2\pi}\,\sigma} \int_{-\infty}^{x} \mathrm{e}^{-\frac{(t-\mu)^2}{2\sigma^2}} \mathrm{d}t \quad (-\infty < x < +\infty) \tag{2-13}$$

$f(x)$ 的图形如图 2-7 所示，它具有如下性质：

(1) 曲线关于 $x=\mu$ 对称，这表明对于任意 $h>0$，有

$$P\{\mu-h<X\leqslant\mu\} = P\{\mu<X\leqslant\mu+h\}$$

(2) 当 $x=\mu$ 时，取到最大值

$$f(\mu) = \frac{1}{\sqrt{2\pi}\,\sigma}$$

x 离 μ 越远，$f(x)$ 的值越小。这表明对于同样长度的区间，当区间离 μ 越远，X 落在这个区间上的概率越小。

(3) 曲线在 $x=\mu\pm\sigma$ 处有拐点，并以 x 轴为渐近线。

(4) 若固定 σ，改变 μ，则图形沿着 x 轴平移，而不改变其形状（见图 2-7）；若固定 μ，改变 σ，则由最大值 $f(\mu) = \dfrac{1}{\sqrt{2\pi}\,\sigma}$ 可知，当 σ 越小时图形变得越陡峭，从而 X 落在 μ 附近的概率越大（见图 2-8）。因此，称 μ 为位置参数，σ 为精度参数。

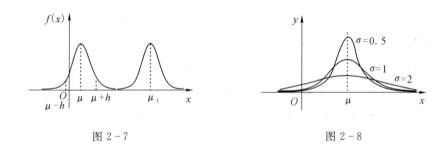

图 2-7　　　　　　　　　　　　　　图 2-8

特别地，当 $\mu=0$，$\sigma=1$ 时，则称 X 服从标准正态分布，记作 $X\sim N(0,1)$，其概率密度和分布函数分别用 $\varphi(x)$ 和 $\Phi(x)$ 表示，即

$$\varphi(x) = \frac{1}{\sqrt{2\pi}} \mathrm{e}^{-\frac{x^2}{2}} \quad (-\infty < x < +\infty) \tag{2-14}$$

$$\Phi(x) = \frac{1}{\sqrt{2\pi}} \int_{-\infty}^{x} \mathrm{e}^{-\frac{t^2}{2}} \mathrm{d}t \quad (-\infty < x < +\infty) \tag{2-15}$$

易知 $\Phi(-x) = 1 - \Phi(x)$。

为计算方便，人们已编制了 $\Phi(x)$ 的函数表(见附录一中的附表 1)。

对一般的正态分布 $X \sim N(\mu, \sigma^2)$，可利用变换 $t = \dfrac{x-\mu}{\sigma}$，将其化为标准正态分布，即

$$F(x) = P(X \leqslant x) = \Phi\left(\frac{x-\mu}{\sigma}\right)$$

事实上，

$$F(x) = P(X \leqslant x) = \int_{-\infty}^{x} \frac{1}{\sqrt{2\pi}\,\sigma}\, e^{-\frac{(t-\mu)^2}{2\sigma^2}}\, dt \xlongequal{\diamondsuit\, y = \frac{t-\mu}{\sigma}} \int_{-\infty}^{\frac{x-\mu}{\sigma}} \frac{1}{\sqrt{2\pi}}\, e^{-\frac{y^2}{2}}\, dy = \Phi\left(\frac{x-\mu}{\sigma}\right)$$

对于任意区间 $(x_1, x_2]$，有

$$P\{x_1 < X \leqslant x_2\} = P\{X \leqslant x_2\} - P\{X \leqslant x_1\} = \Phi\left(\frac{x_2-\mu}{\sigma}\right) - \Phi\left(\frac{x_1-\mu}{\sigma}\right)$$

例 2 - 14　设 $X \sim N(0, 1)$，计算下列概率：

(1) $P\{X \leqslant -1.24\}$；

(2) $P\{|X| \leqslant 2\}$；

(3) $P\{|X| > 1.96\}$。

解　(1) $P\{X \leqslant -1.24\} = \Phi(-1.24) = 1 - \Phi(1.24) = 1 - 0.8925 = 0.1075$

(2) $P\{|X| \leqslant 2\} = P\{-2 \leqslant X \leqslant 2\} = \Phi(2) - \Phi(-2) = \Phi(2) - [1 - \Phi(2)]$

$$= 2\Phi(2) - 1 = 2 \times 0.9772 - 1 = 0.9544$$

(3) $P\{|X| > 1.96\} = 1 - P\{|X| \leqslant 1.96\} = 1 - [2\Phi(1.96) - 1]$

$$= 2 - 2\Phi(1.96) = 2 - 2 \times 0.9750 = 0.0500$$

例 2 - 15　设 $X \sim N(0.5, 4)$，求：

(1) $P\{-0.5 < X < 1.5\}$；

(2) 常数 a，使得 $P\{X > a\} = 0.8944$。

解　(1) 因为 $X \sim N(0.5, 4)$，所以

$$P\{-0.5 < X < 1.5\} = \Phi\left(\frac{1.5-0.5}{2}\right) - \Phi\left(\frac{-0.5-0.5}{2}\right) = 2\Phi(0.5) - 1$$

$$= 2 \times 0.6915 - 1 = 0.383$$

(2) 由 $P\{X > a\} = 0.8944$ 得

$$1 - P\{X \leqslant a\} = 0.8944$$

$$P\{X \leqslant a\} = 0.1056$$

又

$$\Phi\left(\frac{a-0.5}{2}\right) = 0.1056 = \Phi(-1.25)$$

于是查附表 1，得 $\dfrac{a-0.5}{2} = -1.25$，解得 $a = -2$。

例 2-16 设 $X \sim N(\mu, \sigma^2)$，求：

(1) $P\{\mu-\sigma<X<\mu+\sigma\}$；

(2) $P\{\mu-2\sigma<X<\mu+2\sigma\}$；

(3) $P\{\mu-3\sigma<X<\mu+3\sigma\}$。

解 (1) $P\{\mu-\sigma<X<\mu+\sigma\} = P\left\{-1<\dfrac{X-\mu}{\sigma}<1\right\} = \Phi(1)-\Phi(-1)$

$$= 2\Phi(1)-1 = 0.6826$$

(2) $P\{\mu-2\sigma<X<\mu+2\sigma\} = P\left\{-2<\dfrac{X-\mu}{\sigma}<2\right\} = \Phi(2)-\Phi(-2)$

$$= 2\Phi(2)-1 = 0.9544$$

(3) $P\{\mu-3\sigma<X<\mu+3\sigma\} = P\left\{-3<\dfrac{X-\mu}{\sigma}<3\right\} = \Phi(3)-\Phi(-3)$

$$= 2\Phi(3)-1 = 0.9974$$

此例表明，X 以 99.74% 的概率落在区间 $(\mu-3\sigma, \mu+3\sigma)$ 内，即 X 的可能取值几乎全部在区间 $(\mu-3\sigma, \mu+3\sigma)$ 内，这就是统计中的"3σ 原则"(见图 2-9)。

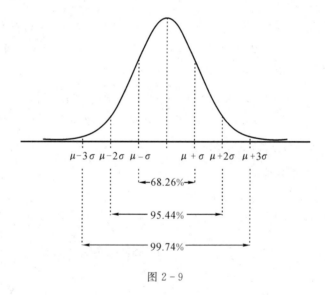

图 2-9

例 2-17 某高校一年级学生的数学成绩(百分制)X 近似地服从正态分布 $N(72, \sigma^2)$，且 96 分以上的考生占考生总数的 2.3%。求考生的数学成绩在 60 至 80 分之间的概率。

解 由于 $P\{X \geqslant 96\} = 0.023$，且

$$P\{X \geqslant 96\} = 1-P\{X<96\} = 1-\Phi\left(\frac{96-72}{\sigma}\right)$$

因此

$$1-\Phi\left(\frac{96-72}{\sigma}\right) = 0.023$$

从而

$$\Phi\left(\frac{24}{\sigma}\right)=1-0.023=0.977$$

查附表 1 知 $\Phi(2)=0.977$，于是 $\frac{24}{\sigma}=2$，$\sigma=12$，$X\sim N(72,12^2)$。

所以考生的数学成绩在 60 至 84 分之间的概率为

$$P\{60\leqslant X\leqslant 84\}=\Phi\left(\frac{84-72}{12}\right)-\Phi\left(\frac{60-72}{12}\right)=\Phi(1)-\Phi(-1)=0.6826$$

第四节　随机变量函数的概率分布

在实际应用中，我们常常遇到随机变量不能直接测量得到，但它却是某个能直接测量的随机变量的函数。例如，我们能测量圆轴截面的直径 d，而关心的是其截面的面积 $A=\pi\left(\frac{d}{2}\right)^2$，这里随机变随 A 是随机变量 d 的函数。

一般地，设 $g(x)$ 是定义在随机变量 X 的一切可能取值 x 的集合上的函数，如果当 X 取值为 x 时，随机变量 Y 的取值为 $y=g(x)$，则称 Y 是随机变量 X 的函数，记为 $Y=g(X)$。下面我们讨论如何由已知的随机变量 X 的分布去求得它的函数 $g(X)$ 的分布。

一、离散型随机变量

设 X 为离散型随机变量，其分布律如表 2-3 所示。

表 2 - 3　离散型随机变量的分布律

X	x_1	x_2	$\cdots$	x_n	$\cdots$
p_k	p_1	p_2	$\cdots$	p_n	$\cdots$

因为 X 的可能取值为 x_1，x_2，$\cdots$，x_n，$\cdots$，所以 Y 的可能取值为 $g(x_1)$，$g(x_2)$，$\cdots$，$g(x_n)$，$\cdots$，可见 Y 只取有限多个值或可列无穷多个值，故 Y 是一个离散型随机变量。当 $g(x_1)$，$g(x_2)$，$\cdots$，$g(x_n)$，$\cdots$互不相等时，Y 的分布律如表 2-4 所示。

表 2 - 4　离散型随机变量函数的分布律

Y	$g(x_1)$	$g(x_2)$	$\cdots$	$g(x_n)$	$\cdots$
P_k	p_1	p_2	$\cdots$	p_n	$\cdots$

当 $g(x_1)$，$g(x_2)$，$\cdots$，$g(x_n)$，$\cdots$有相等的情况时，则应该把使 $g(x_n)$ 相等的那些 x_i 所对应的概率相加，作为 Y 取值 $g(x_n)$ 的概率，这样就得到 Y 的分布律。

例 2 - 18　设随机变量 X 的分布律为

X	-1	0	1	2
p_k	0.2	0.1	0.3	0.4

求 $Y = X^2$ 的分布律。

解　Y 的可能取值为 0、1、4。因为

$$P\{Y=0\} = P\{X^2=0\} = P\{X=0\} = 0.1$$

$$P\{Y=1\} = P\{X^2=1\} = P\{X=1\} + P\{X=-1\} = 0.2 + 0.3 = 0.5$$

$$P\{Y=4\} = P\{X^2=4\} = P\{X=2\} = 0.4$$

所以 Y 的分布律为

Y	0	1	4
p_k	0.1	0.5	0.4

例 2 - 19　设 $X \sim B(3, 0.6)$，令 $Y = \dfrac{X(3-X)}{2}$，求 $P\{Y=0\}$。

解　因为 $X \sim B(3, 0.6)$，所以 X 的可能取值为 0、1、2、3。

由等式 $Y = \dfrac{X(3-X)}{2}$ 知，当 $Y=0$ 时，$X=0$，$X=3$，从而

$$P\{Y=0\} = P\{X=0\} + P\{X=3\} = C_3^0 0.6^0 0.4^3 + C_3^3 0.6^3 0.4^0 = 0.28$$

二、连续型随机变量

设 X 为连续型随机变量，其概率密度为 $f_X(x)$，要求 $Y = g(X)$ 的概率密度 $f_Y(y)$，我们可以利用如下定理的结论。

定理 2 - 1　设随机变量 X 具有概率密度 $f_X(x)(-\infty < x < +\infty)$，又设函数 $g(x)$ 处处可导且恒有 $g'(x) > 0$（或恒有 $g'(x) < 0$），则 $Y = g(X)$ 是连续型随机变量，其概率密度为

$$f_Y(y) = \begin{cases} f_X[h(y)] \cdot |h'(y)|, & \alpha < y < \beta \\ 0, & 其他 \end{cases} \tag{2-16}$$

其中 $\alpha = \min[g(-\infty), g(+\infty)]$，$\beta = \max[g(-\infty), g(+\infty)]$，$h(y)$ 是 $g(x)$ 的反函数。

例 2 - 20　设随机变量 X 具有概率密度为

$$f_X(x) = \begin{cases} \dfrac{x}{8}, & 0 < x < 4 \\ 0, & 其他 \end{cases}$$

求随机变量 $Y = 2X + 8$ 的概率密度。

解　因 $y = g(x) = 2x + 8$，故

$$x = h(y) = \frac{y-8}{2}$$

而 $h'(y) = \frac{1}{2}$，由定理 $2-1$ 得

$$f_Y(y) = f_X\left(\frac{y-8}{2}\right)\left(\frac{y-8}{2}\right)' = \begin{cases} \frac{1}{8}\left(\frac{y-8}{2}\right) \cdot \frac{1}{2}, & 0 < \frac{y-8}{2} < 4 \\ 0, & \text{其他} \end{cases}$$

$$= \begin{cases} \dfrac{y-8}{32}, & 8 < y < 16 \\ 0, & \text{其他} \end{cases}$$

例 2 - 21　设 $X \sim N(\mu, \sigma^2)$，求 $Y = \dfrac{X-\mu}{\sigma}$ 的概率密度。

解　因为 $X \sim N(\mu, \sigma^2)$，所以 X 的概率密度为

$$f_X(x) = \frac{1}{\sqrt{2\pi}\,\sigma} e^{-\frac{(x-\mu)^2}{2\sigma^2}}$$

由 $Y = \dfrac{X-\mu}{\sigma}$ 得

$$y = \frac{x-\mu}{\sigma}$$

故反函数 $x = h(y) = \mu + \sigma y$，从而 $h'(y) = \sigma$。于是

$$f_Y(y) = f_X[h(y)] \cdot |h'(y)| = f_X(\mu + \sigma y)\sigma$$

$$= \frac{1}{\sqrt{2\pi}\,\sigma} e^{-\frac{(\mu+\sigma y-\mu)^2}{2\sigma^2}} \cdot \sigma = \frac{1}{\sqrt{2\pi}} e^{-\frac{y^2}{2}}$$

所以

$$Y = \frac{X-\mu}{\sigma} \sim N(0, 1)$$

本章小结

1. 利用分布函数求概率

(1) 若 X 是离散型随机变量，则

$$P\{a < X \leqslant b\} = F(b) - F(a)$$

(2) 若 X 是连续型随机变量，则

$$P\{a \leqslant X < b\} = P\{a < X \leqslant b\} = P\{a \leqslant X \leqslant b\} = P\{a < X < b\}$$

$$= F(b) - F(a)$$

2. 离散型随机变量的分布律和分布函数

若

X	x_1	x_2	⋯	x_n	⋯
p_k	p_1	p_2	⋯	p_n	⋯

则

$$F(x)=\begin{cases}0, & x<x_1\\ p_1, & x_1\leqslant x<x_2\\ p_1+p_2, & x_2\leqslant x<x_3\\ p_1+p_2+p_3, & x_3\leqslant x<x_4\\ \vdots\\ 1, & x_k\leqslant x\end{cases}$$

3. 三种常用的离散型随机变量的分布律

(1) $X\sim 0\text{-}1$ 分布：

X	0	1
p_k	$1-p$	p

(2) $X\sim B(n,p)$：

$$P\{X=k\}=C_n^k p^k(1-p)^{n-k}$$

(3) $X\sim P(\lambda)$：

$$P\{X=k\}=\frac{\lambda^k e^{-\lambda}}{k!}$$

注意：泊松分布是二项分布当 n 很大、p 很小的近似值，且 $\lambda=np$。

4. 连续型随机变量的概率密度的概念和性质、概率密度和分布函数的关系及由概率密度求概率的公式

(1) 概率密度 $f(x)$ 的性质：

① $f(x)\geqslant 0$；

② $\int_{-\infty}^{+\infty}f(x)\mathrm{d}x=1$。

(2) 分布函数和概率密度的关系：

$$F(x)=\int_{-\infty}^{x}f(t)\mathrm{d}t,\ f(x)=F'(x)$$

(3) 分布函数的性质：

① $F(x)$ 为单调不减的函数；

② $0 \leqslant F(x) \leqslant 1$，且 $F(-\infty) = 0$，$F(+\infty) = 1$；

③ $F(x+0) = F(x)$，即 $F(x)$ 为右连续。

（4）概率计算公式：

① $P\{a < X < b\} = F(b) - F(a)$；

② $P\{a < X < b\} = \int_a^b f(x)\,\mathrm{d}x$。

5. 连续型随机变量的几种分布

（1）$X \sim U(a, b)$：

$$f(x) = \begin{cases} \dfrac{1}{b-a}, & a < x < b \\ 0, & \text{其他} \end{cases}$$

$$F(x) = \begin{cases} 0, & x < a \\ \dfrac{x-a}{b-a}, & a \leqslant x < b \\ 1, & x \geqslant b \end{cases}$$

（2）$X \sim E(\lambda)$：

$$f(x) = \begin{cases} \lambda \mathrm{e}^{-\lambda x}, & x > 0 \\ 0, & x \leqslant 0 \end{cases}$$

$$F(x) = \begin{cases} 1 - \mathrm{e}^{-\lambda x}, & x > 0 \\ 0, & x \leqslant 0 \end{cases}$$

（3）$X \sim N(0, 1)$：

$$\varphi(x) = \frac{1}{\sqrt{2\pi}} \mathrm{e}^{-\frac{x^2}{2}} \quad (-\infty < x < +\infty)$$

$$\Phi(x) = \frac{1}{\sqrt{2\pi}} \int_{-\infty}^x \mathrm{e}^{-\frac{t^2}{2}}\,\mathrm{d}t \quad (-\infty < x < +\infty)$$

性质：$\Phi(-x) = 1 - \Phi(x)$，$P\{a < X \leqslant b\} = \Phi(b) - \Phi(a)$。

（4）$X \sim N(\mu, \sigma^2)$：

$$f(x) = \frac{1}{\sqrt{2\pi}\,\sigma} \mathrm{e}^{-\frac{(x-\mu)^2}{2\sigma^2}} \quad (-\infty < x < +\infty)$$

$$F(x) = \frac{1}{\sqrt{2\pi}\,\sigma} \int_{-\infty}^x \mathrm{e}^{-\frac{(t-\mu)^2}{2\sigma^2}}\,\mathrm{d}t \quad (-\infty < x < +\infty)$$

性质：$P\{a < X \leqslant b\} = \Phi\left(\dfrac{b-\mu}{\sigma}\right) - \Phi\left(\dfrac{a-\mu}{\sigma}\right)$。

6. 用公式法求随机变量 X 的函数 Y＝g(X) 的分布函数

（1）离散型：若

X	x_1	x_2	$\cdots$	x_n	$\cdots$
p_k	p_1	p_2	$\cdots$	p_n	$\cdots$

且 $g(x_1)$，$g(x_2)$，$\cdots$，$g(x_n)$，$\cdots$ 互不相等，则有

Y	$g(x_1)$	$g(x_2)$	$\cdots$	$g(x_n)$	$\cdots$
P_k	p_1	p_2	$\cdots$	p_n	$\cdots$

(2) 连续型：若 X 的概率密度为 $f_X(x)$，$y=g(x)$ 单调，有反函数 $x=h(y)$ 且 y 的取值范围为 (α, β)，则随机变量 X 的函数 $Y=g(X)$ 的概率密度为

$$f_Y(y)=\begin{cases} f_X[h(y)]\cdot|h'(y)|, & \alpha<y<\beta \\ 0, & 其他 \end{cases}$$

其中 $\alpha=\min[g(-\infty), g(+\infty)]$，$\beta=\max[g(-\infty), g(+\infty)]$。

(3) 重要结论：若 $X\sim N(\mu, \sigma^2)$，则有

$$Y=\frac{X-\mu}{\sigma}\sim N(0, 1)$$

其中 $\dfrac{X-\mu}{\sigma}$ 称为 X 的标准化随机变量。

【阅读材料】

从《歧路亡羊》的故事到牛顿二项分布

《歧路亡羊》是《列子》中一篇寓意深刻的故事。文言文文为：杨子之邻人亡羊，既率其党，又请杨子之竖追之。杨子曰："嘻！亡一羊，何追者之众？"邻人曰："多歧路。"既反，问："获羊乎？"曰："亡之矣"曰；"奚亡之？"曰；"歧路之中又有歧焉，吾不知所之，所以反也。"

翻译过来的意思是：杨子的邻居掉了一只羊，于是带着他的人，又请杨子的儿子一起去追赶羊。杨子说："哈哈，掉了一只羊罢了，为什么要这么多人去找寻呢？"邻人说："有许多分岔的道路。"不久，他们回来了。杨子问："找到羊了吗？"邻人回答道："逃跑了。"杨子说："怎么会逃跑了呢？"邻居回答道："分岔路上又有分岔路，我不知道羊逃到哪一条路上去了。所以就回来了。"

下面我们就来研究一下杨子的邻人找到丢失的羊的可能性有多大。假定所有的分岔口都各有两条新的歧路。这样，每次分歧的总歧路数分别为 2^1，2^2，2^3，2^4，$\cdots$，到第 n 次分歧时，共有 2^n 条歧路。因为丢失的羊走到每条歧路去的可能性都是相等的，所以当羊走过 n 个分岔路口后，一个人在某条歧路上。例如，当 $n=5$ 时，找到羊的概率仅为 $\dfrac{1}{2^5}=\dfrac{1}{32}$，所

以，即使杨子的邻人动员了6个人去找羊，找到羊的可能性还不到五分之一。可见，邻人空手而返，是很自然的事了！

　　现在我们再设想道路是这样特殊：从第二次分歧起，邻近的歧路相连通成一个新的"丫"字岔口。显然，当丢失的羊在这种特殊的歧路网上，走到第一个三岔口时，它既可能从东边，也可能从西边走入不同的两条南北走向的路。这样的情形我们记为：(1,1)，接着往下有三条南北走向的路：只有一直向左转时，羊才会进入东边的那条；羊进入中间的一条路有两种可能，第一次向左而第二次向右，或第一次向右而第二次向左；只有两次都向右时，羊才能进入西边的那条路，概括三种情形，我们记为(1,2,1)。同样分析可以得知，再接下去的四条南北走向路的情形可记为：(1,3,3,1)。记号中的每一个数字，都代表到达相应路的不同的路线数，如此下去，我们可以得到一个奇妙的数字表。

　　这个三角形表的每行两端都是1，而且除1以外的每个数都等于它肩上两个数字的和。这是因为，它实际上表明了丢失的羊到达该数字地点的路线数，所以应等于两肩路线数的累加。类似的数字表早在公元1261年就出现在我国数学家杨辉的著作中，所以我们称它为"杨辉三角"。在欧洲，这种表的出现要迟四百年，发现者就是法国数学家巴斯卡，因此国外常把这种表叫作"巴斯卡三角形"。

　　杨辉三角第 2^n 排的数字和，实际上就是《歧路亡羊》中第 n 次分岔后的总的歧路数，所以应当等于 2^n。例如，表的第6排的数字和：$1+6+15+20+15+6+1=2^6$。

　　为方便起见，我们把杨辉三角中第 n 排的除开头"1"以外的第 k 个数字记为 C_n^k（见图 2-10），这样做的优点是，今后如若需要了解到达上述位置会有多少可能的路线时，无需思考，立即知道是 C_n^k 条。

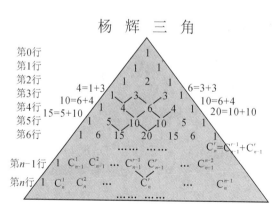

图 2-10

　　在概率论中颇为重要的课题——独立重复试验。我们很快就会看到：实验将要得到的结果，与杨辉三角之间的联系是很密切的。以掷币为例，如果我们把掷币中出的正面和反面的可能，比喻成杨辉三角中向左和向右的路线，那么，杨辉三角中的第一排(1,1)，就相当于掷第一枚币时出现的(正，反)可能；而第二排的(1，2，1)，就相当于重复掷两枚币时出现的(两正，一正一反，两反)可能；而第三排中的(1，3，3，1)，就相当于重复掷三枚币时出现(三正，二正一反，二反一正，三反)的可能，如此等等。于是，我们得出，重复 n 次掷币，出现 k 次正面或反面的概率为

$$C_n^k \left(\frac{1}{2}\right)^k \left(\frac{1}{2}\right)^{(n-k)}$$

例如，掷 6 次币，出现三次正面的概率为

$$C_n^k \left(\frac{1}{2}\right)^k \left(\frac{1}{2}\right)^{(n-k)} = C_6^3 \left(\frac{1}{2}\right)^3 \left(\frac{1}{2}\right)^{(6-3)} = \frac{5}{16}$$

式中的 $C_6^3 = 20$。

上面我们讲的掷币，每次出现正、反机会都是均等的。假如某事件出现的概率是 P，那么在 n 次试验中，该事件恰好出现 k 次的概率又如何呢？这只要注意到一个事实，即在杨辉三角中，任何到达"C_n^k"的路线，都必须是恰好向右走 k 次，向左走 $n-k$ 次，这里，假如我们把向右走相当于事件发生，向左走相当于事件不发生，那么，任何一条到达"C_n^k"位置线路的概率均为 $P^k \cdot (1-P)^{(n-k)}$，其中 $(1-P)$ 是事件不发生的概率。由本节开头的分析知道，到达"C_n^k"的线路数即为 C_n^k，所以我们即得 n 次试验中，事件出现 k 次的概率公式：$P_n(k) = C_n^k \cdot P^k \cdot (1-P)^{(n-k)}$。

习 题 二

一、选择题

1. 下列各函数可作为某随机变量 X 的分布函数的是（　　　）。

A. $F_1(x) = \begin{cases} 2x, & 0 \leqslant x \leqslant 1 \\ 0, & \text{其他} \end{cases}$　　　　　　B. $F_2(x) = \begin{cases} 0, & x < 0 \\ x, & 0 \leqslant x < 1 \\ 1, & x \geqslant 1 \end{cases}$

C. $F_3(x) = \begin{cases} -1, & x < -1 \\ x, & -1 \leqslant x < 1 \\ 1, & x \geqslant 1 \end{cases}$　　　　　　D. $F_4(x) = \begin{cases} 0, & x < 0 \\ 2x, & 0 \leqslant x < 1 \\ 2, & x \geqslant 1 \end{cases}$

2. 设 X 的概率密度为 $f(x) = \begin{cases} \dfrac{|x|}{4}, & -2 < x < 2 \\ 0, & \text{其他} \end{cases}$，则 $P\{-1 < X < 1\} = （　　　）$。

A. $\dfrac{1}{4}$　　　　　　B. $\dfrac{1}{2}$　　　　　　C. $\dfrac{3}{4}$　　　　　　D. 1

3. 下列各函数中，可作为某随机变量 X 的概率密度的是（　　　）。

A. $f(x)=\begin{cases}2x, & 0<x<1 \\ 0, & \text{其他}\end{cases}$ B. $f(x)=\begin{cases}\dfrac{1}{2}, & 0<x<1 \\ \\ 0, & \text{其他}\end{cases}$

C. $f(x)=\begin{cases}3x^2, & 0<x<1 \\ -1, & \text{其他}\end{cases}$ D. $f(x)=\begin{cases}4x^3, & -1<x<1 \\ 0, & \text{其他}\end{cases}$

4. 某种电子元件的使用寿命 X（单位：小时）的概率密度为 $f(x)=\begin{cases}\dfrac{100}{x^2}, & x\geqslant 100 \\ \\ 0, & x<100\end{cases}$，

任取一只电子元件，则它的使用寿命在 150 小时以内的概率为（ ）。

A. $\dfrac{1}{4}$ B. $\dfrac{1}{3}$ C. $\dfrac{1}{2}$ D. $\dfrac{2}{3}$

5. 已知 X 的分布函数为 $F(x)=\begin{cases}0, & x<0 \\ \dfrac{1}{2}, & 0\leqslant x<1 \\ \dfrac{2}{3}, & 1\leqslant x<3 \\ 1, & x\geqslant 3\end{cases}$，则 $P\{X=1\}=$（ ）。

A. $\dfrac{1}{6}$ B. $\dfrac{1}{2}$ C. $\dfrac{2}{3}$ D. 1

6. 设 X 服从参数为 3 的指数分布，其分布函数记为 $F(x)$，则 $F\left(\dfrac{1}{3}\right)=$（ ）。

A. $\dfrac{1}{3e}$ B. $\dfrac{e}{3}$ C. $1-e^{-1}$ D. $1-\dfrac{1}{3}e^{-1}$

7. 设 X 的概率密度为 $f(x)=\begin{cases}ax^3, & 0\leqslant x\leqslant 1 \\ 0, & \text{其他}\end{cases}$，则常数 a 的值为（ ）。

A. $\dfrac{1}{4}$ B. $\dfrac{1}{3}$ C. 3   D. 4

8. 设 X 的概率密度为 $f(x)=\begin{cases}x, & 0<x\leqslant 1 \\ 2-x, & 1<x\leqslant 2 \\ 0, & \text{其他}\end{cases}$，则 $P\{0.2<X<1.2\}=$（ ）。

A. 0.5   B. 0.6   C. 0.66   D. 0.7

9. 设 $X\sim B\left(3,\dfrac{1}{3}\right)$，则 $P\{X\geqslant 1\}=$（ ）。

A. $\dfrac{1}{27}$ B. $\dfrac{8}{27}$ C. $\dfrac{19}{27}$ D. $\dfrac{26}{27}$

10. 设随机变量 X 服从参数为 λ 的泊松分布，且 $P\{X=1\}=P\{X=2\}$，则 $P\{X>2\}$

的值为（　　）。

A. e^{-2} 　　　　B. $1-\dfrac{5}{e^2}$ 　　　　C. $1-\dfrac{4}{e^2}$ 　　　　D. $1-\dfrac{2}{e^2}$

二、填空题

1. 盒中有 12 只晶体管，其中有 10 只正品，2 只次品。现从盒中任取 3 只，设 3 只中所含次品数为 X，则 $P\{X=1\}=$ _____。

2. 随机变量 $X\sim N(\mu,\sigma^2)$，则 $Y=\dfrac{X-\mu}{\sigma}\sim$ _____。

3. 设随机变量 X 的概率密度为 $f(x)=\begin{cases}kx, & 0<x<1 \\ 0, & \text{其他}\end{cases}$，则 $k=$ _____。

4. 设某批电子元件的正品率为 $\dfrac{4}{5}$，次品率为 $\dfrac{1}{5}$。现对这批电子元件进行测试，只要测得一个正品就停止测试工作，则测试次数的分布律是 _____。

5. 设 X 的概率分布为

X	1	2	3	4
p_k	$\dfrac{1}{4}$	$\dfrac{1}{8}$	$\dfrac{4}{7}$	$\dfrac{3}{56}$

$F(x)$ 为其分布函数，则 $F(3)=$ _____。

6. 设 X 的分布函数为 $F(x)=\begin{cases}1-e^{-3x}, & x>0 \\ 0, & x\leqslant 0\end{cases}$，则当 $x>0$ 时，X 的概率密度 $f(x)=$ _____。

7. 设 $X\sim B\left(4,\dfrac{1}{3}\right)$，则 $P\{X>0\}=$ _____。

8. 设 $X\sim U(0,10)$，则 $P\{X>4\}=$ _____。

9. 在 $[0,T]$ 内通过某交通路口的汽车数 X 服从泊松分布，且已知 $P\{X=4\}=3P\{X=3\}$，则在 $[0,T]$ 内至少有一辆汽车通过的概率为 _____。

10. 设 X 服从正态分布 $N(1,4)$，$\Phi(x)$ 为标准正态分布函数，已知 $\Phi(1)=0.8413$，$\Phi(2)=0.9772$，则 $P\{|X|<3\}=$ _____。

三、计算题

1. 考虑为期一年的一张保险单，若投保人在投保后一年内因意外死亡，则公司赔付 20 万元；若投保人因其他原因死亡，则公司赔付 5 万元；若投保人在投保期末死亡，则公司无需赔付任何费用。若投保人在一年内因意外死亡的概率为 0.0002，因其他原因死亡的概率为 0.0010，求公司赔付金额的分布律。

2. 袋子中有 5 只乒乓球，编号为 1、2、3、4、5。在袋中同时取 3 只，以 X 表示取出的

3 只球中的最大号码,写出随机变量 X 的分布律。

3.一房间有 3 扇同样大小的窗子,其中只有一扇是打开的。有一只小鸟自开着的窗子飞入了房间,它只能从开着的窗子飞出去。小鸟在房子里飞来飞去,试图再次飞出房间,假定小鸟是没有记忆的,它飞向各扇窗子是随机的。

(1) 以 X 表示小鸟为了飞出房间试飞的次数,求 X 的分布律;

(2) 用户声称,他养的一只小鸟是有记忆的,它飞向任一窗子的尝试不多于 1 次,以 Y 表示这只聪明的小鸟为了飞出房间试飞的次数。如用户所说属实,试求 Y 的分布律。

4.商店里有 5 名售货员独立地售货,已知每名售货员每小时累计有 15 分钟要用台秤。

(1) 求在同一时刻需要用台秤的人数的概率分布;

(2) 若商店里只有两台台秤,则因台秤太少而令顾客等候的概率。

5.某大学的校乒乓球队与数学系乒乓球队举行对抗赛。校队的实力较系队强,当一名校队运动员与一名系队运动员比赛时,校队运动员获胜的概率为 0.6。现在校、系双方商量对抗赛的方式,提出 3 种方案:

(1) 双方各出 3 人;

(2) 双方各出 5 人;

(3) 双方各出 7 人。

3 种方案中均以比赛中得胜人数多的一方为胜利。问:对系队来说,哪一种方案更有利?

6.设随机变量 X 的分布律为

X	-1	0	1
p_k	0.3	0.5	0.2

求 X 的分布函数。

7. 设随机变量 X 的分布函数为

$$F(x)=\begin{cases} 0, & x<0 \\ \dfrac{x}{3}, & 0\leqslant x<1 \\ \dfrac{x}{2}, & 1\leqslant x<2 \\ 1, & x\geqslant 2 \end{cases}$$

求:

(1) $P\left\{\dfrac{1}{2}<X\leqslant\dfrac{3}{2}\right\}$;

(2) $P\left\{X>\dfrac{1}{2}\right\}$;

(3) $P\left\{X>\dfrac{3}{2}\right\}$。

8. 向数轴上的闭区间[2,7]内投掷随机点,假设随机点落在[2,7]区间内任意一点的可能性相等,用 X 表示随机点的坐标,求 X 的分布函数。

9. 设随机变量 X 概率密度函数为

$$f(x)=\begin{cases}\dfrac{A}{\sqrt{1-x^2}},&|x|<1\\[2mm]0,&\text{其他}\end{cases}$$

试求:

(1) 系数 A；

(2) X 落在区间$\left(-\dfrac{1}{2},\dfrac{1}{2}\right)$内的概率。

10. 设随机变量 X 的概率密度为

$$f(x)=\begin{cases}x,&0\leqslant x<1\\2-x,&1\leqslant x<2\\0,&\text{其他}\end{cases}$$

求 X 的分布函数 $F(x)$。

11. 设随机变量 $X\sim U(0,10)$,求方程$x^2+Xx+1=0$有实根的概率。

12. 某城市饮用水的日消耗量 X(单位:10^6 L)服从参数为$\dfrac{1}{3}$的指数分布,求饮用水的日消耗量不超过9×10^6 L的概率。

13. 已知某车间工人完成某道工序的时间 $X\sim N(10,3^2)$。

(1) 从该车间工人中任选一名工人,求完成该道工序的时间至少为 7 分钟的概率；

(2) 为了保证生产的连续进行,要求 95% 的概率保证该道工序上工人完成工作时间不超过 15 分钟,这一要求能否得到保证?

14. 公共汽车门的高度是按成年男子与车门顶碰头的机会在 1% 以下设计的。已知成年男子身高(单位:cm)服从正态分布 $N(175,6^2)$,车门高度至少是多少?

15. 已知随机变量 X 的分布律为

X	−1	0	1	2
p_k	0.1	0.2	0.3	0.4

试求随机变量函数 $Y=2X^2-1$ 的分布律与分布函数。

16. 设随机变量 X 的概率密度为

$$f_X(x)=\begin{cases}6x(1-x),&0<x<1\\0,&\text{其他}\end{cases}$$

求 $Y=2X+1$ 的概率密度。

第三章　多维随机变量及其分布

【本章导读】　前面我们讨论了一维随机变量及其分布，在实际问题中，有些随机现象要同时用两个或两个以上的随机变量来描述，如射击时考虑子弹在靶上的位置，我们用定义在同一个样本空间 Ω 上的两个随机变量 X 和 Y 分别表示子弹在靶上的横坐标与纵坐标，则子弹在靶上的位置可用二维随机变量或二维随机向量(X, Y)表示。

在此情况下，我们不但要研究多个随机变量各自的统计规律，而且还要研究它们之间的统计相依关系，并考查其联合取值的统计规律。本章我们重点讨论二维随机变量及其分布。

第一节　二维随机变量的概念

一、二维随机变量及其分布函数

定义 3-1　设 E 是一个随机试验，它的样本空间是 Ω，X 和 Y 是定义在 Ω 上的随机变量，则由它们构成的一个向量(X, Y)，叫作二维随机变量或二维随机向量。

一般的，二维随机变量(X, Y)的性质不仅与 X 和 Y 有关，而且还依赖于这两个随机变量的相互关系，因此，逐一研究 X 或 Y 的性质是不够的，还需将(X, Y)作为一个整体来研究。

定义 3-2　设(X, Y)是二维随机变量，对于任意实数 x、y，二元函数：
$$F(x, y) = P\{X \leqslant x, Y \leqslant y\}$$
称为二维随机变量(X, Y)的分布函数，或称为随机变量 X 和 Y 的联合分布函数。

联合分布函数的几何意义是：如果将二维随机变量(X, Y)看成是平面上随机点的坐标，那么分布函数 $F(x, y)$ 在(x, y)处的函数值就是随机点(X, Y)落在以点(x, y)为顶点而位于该点左下方的无穷矩形区域内的概率（如图 3-1 所示）。

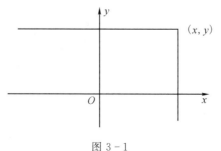

图 3-1

由上面的几何解释，容易得到随机点$(X，Y)$落在矩形区域$\{x_1<X\leqslant x_2，y_1<Y\leqslant y_2\}$的概率为

$$P\{x_1<X\leqslant x_2，y_1<Y\leqslant y_2\}=F(x_2，y_2)-F(x_2，y_1)-F(x_1，y_2)+F(x_1，y_1)$$

二维随机变量$(X，Y)$的联合分布函数$F(x，y)$有如下性质：

性质 1　$F(x，y)$是单调不减函数：

当$x_1<x_2$时，$F(x_1，y)\leqslant F(x_2，y)$；

当$y_1<y_2$时，$F(x，y_1)\leqslant F(x，y_2)$。

性质 2　$F(x，y)$是非负有界函数：

$$0\leqslant F(x，y)\leqslant 1$$

且

$$F(-\infty，y)=0，F(x，-\infty)=0，F(-\infty，-\infty)=0，F(+\infty，+\infty)=1$$

性质 3　$F(x，y)$关于x和y是右连续的：

$$F(x+0，y)=F(x，y)，F(x，y+0)=F(x，y)$$

性质 4　对任意的$(x_1，y_1)$、$(x_2，y_2)$，$x_1<x_2$，$y_1<y_2$，有

$$P\{x_1<X\leqslant x_2，y_1<Y\leqslant y_2\}=F(x_2，y_2)-F(x_2，y_1)-F(x_1，y_2)+F(x_1，y_1)\geqslant 0$$

二、二维离散型随机变量

定义 3-3　如果二维随机变量$(X，Y)$所有可能取值是有限对或可列无限多对$(x_i，y_j)$，$i，j=1，2，\cdots$，则称$(X，Y)$为二维离散型随机变量。

设二维随机变量$(X，Y)$所有可能取值$(x_i，y_j)$，$i，j=1，2，\cdots$，记为

$$P\{X=x_i，Y=y_j\}=p_{ij}\quad(i，j=1，2，\cdots)$$

则由概率的定义有$p_{ij}\geqslant 0$；$\displaystyle\sum_{i=1}^{\infty}\sum_{j=1}^{\infty}p_{ij}=1$。

我们称$P\{X=x_i，Y=y_j\}=p_{ij}(i，j=1，2，\cdots)$为二维离散型随机变量$(X，Y)$的分布律或随机变量$X$和$Y$的联合分布律。$(X，Y)$的分布律也可以用表 3-1 表示。

表 3-1　二维离散型随机变量$(X，Y)$的联合分布律

Y／X	y_1	y_2	$\cdots$	y_j	$\cdots$
x_1	p_{11}	p_{12}	$\cdots$	p_{1j}	$\cdots$
x_2	p_{21}	p_{22}	$\cdots$	p_{2j}	$\cdots$
$\vdots$	$\vdots$	$\vdots$		$\vdots$	
x_i	p_{i1}	p_{i2}	$\cdots$	p_{ij}	$\cdots$
$\vdots$	$\vdots$	$\vdots$		$\vdots$	

其分布函数为

$$F(x, y) = \sum_{x_i \leqslant x} \sum_{y_j \leqslant y} P\{X = x_i, Y = y_j\} = \sum_{x_i \leqslant x} \sum_{y_j \leqslant y} p_{ij}$$

$\displaystyle\sum_{x_i \leqslant x} \sum_{y_j \leqslant y}$ 表示对一切 $x_i < x$，$y_j < y$ 的指标 i，j 求和。

例 3-1 设二维离散型随机变量 (X, Y) 的分布律为

X \ Y	0	1
0	0.1	α
1	0.3	0.4

则 $\alpha = $ _____。

解 由分布律性质知 $0.1 + \alpha + 0.3 + 0.4 = 1$，则 $\alpha = 0.2$。

例 3-2 设二维离散型随机变量 (X, Y) 的分布律为

X \ Y	-1	0	1
-1	0.1	0.1	0.2
1	0.25	0.1	0.25

求：

(1) $P\{X = 1\}$；

(2) $P\{Y \leqslant 0\}$；

(3) $P\{X < 0, Y \leqslant 0\}$；

(4) $P\{X + Y = 0\}$。

解 (1) 因为

$$\{X = 1\} = \{X = 1, Y = -1\} \bigcup \{X = 1, Y = 0\} \bigcup \{X = 1, Y = 1\}$$

所以

$$P\{X = 1\} = P\{X = 1, Y = -1\} + P\{X = 1, Y = 0\} + P\{X = 1, Y = 1\}$$
$$= 0.25 + 0.1 + 0.25 = 0.6$$

(2) $P\{Y \leqslant 0\} = P\{X = -1, Y = -1\} + P\{X = 1, Y = -1\} +$
$$P\{X = -1, Y = 0\} + P\{X = 1, Y = 0\}$$
$$= 0.1 + 0.25 + 0.1 + 0.1 = 0.55$$

(3) $P\{X < 0, Y \leqslant 0\} = P\{X = -1, Y = -1\} + P\{X = -1, Y = 0\}$
$$= 0.1 + 0.1 = 0.2$$

(4) $P\{X + Y = 0\} = P\{X = 1, Y = -1\} + P\{X = -1, Y = 1\}$
$$= 0.2 + 0.25 = 0.45$$

例 3 - 3 袋中有 2 个黑球、3 个白球,从中随机取两次,每次取 1 个球,取后不放回。令

$$X = \begin{cases} 1, & \text{第一次取到黑球} \\ 0, & \text{第一次取到白球} \end{cases}$$

$$Y = \begin{cases} 1, & \text{第二次取到黑球} \\ 0, & \text{第二次取到白球} \end{cases}$$

求 (X, Y) 的联合分布律。

解　由题意知,(X, Y) 的可能取值为 $(0, 0)$、$(0, 1)$、$(1, 0)$、$(1, 1)$。

$$P\{X = 0, Y = 0\} = \frac{3}{5} \times \frac{2}{4} = \frac{3}{10}$$

$$P\{X = 0, Y = 1\} = \frac{3}{5} \times \frac{2}{4} = \frac{3}{10}$$

$$P\{X = 1, Y = 0\} = \frac{2}{5} \times \frac{3}{4} = \frac{3}{10}$$

$$P\{X = 1, Y = 1\} = \frac{2}{5} \times \frac{1}{4} = \frac{1}{10}$$

则 (X, Y) 的联合分布律为

X＼Y	0	1
0	$\frac{3}{10}$	$\frac{3}{10}$
1	$\frac{3}{10}$	$\frac{1}{10}$

三、二维连续型随机变量

定义 3 - 4　设二维随机变量 (X, Y) 的分布函数 $F(x, y)$,若存在非负函数 $f(x, y)$,使对任意的 x、y,有

$$F(x, y) = \int_{-\infty}^{y} \int_{-\infty}^{x} f(u, v) \, \mathrm{d}u \, \mathrm{d}v$$

则称 (X, Y) 为二维连续型随机变量,$f(x, y)$ 称为二维连续型随机变量 (X, Y) 的概率密度,或称随机变量 X、Y 的联合概率密度。

易知,概率密度 $f(x, y)$ 具有如下性质:

(1) $f(x, y) \geqslant 0$;

(2) $\int_{-\infty}^{+\infty} \int_{-\infty}^{+\infty} f(x, y) \, \mathrm{d}x \, \mathrm{d}y = F(-\infty, +\infty) = 1$;

(3) 若 $f(x, y)$ 在点 (x, y) 处连续,则有 $\dfrac{\partial^2 F(x, y)}{\partial x \partial y} = f(x, y)$;

(4) 设 G 是 xOy 平面上的一个区域，则点 (X, Y) 落在 G 内的概率为

$$P\{(X, Y) \in G\} = \iint\limits_{G} f(x, y) \, \mathrm{d}x \, \mathrm{d}y$$

例 3-4 设二维连续型随机变量 (X, Y) 的概率密度为

$$f(x, y) = \begin{cases} 2A\mathrm{e}^{-(x+y)}, & x>0, y>0 \\ 0, & \text{其他} \end{cases}$$

求：

(1) 系数 A；

(2) 分布函数 $F(x, y)$；

(3) 概率 $P\{(X, Y) \in D\}$，其中 $D: x \geqslant 0, y \geqslant 0, x+y \leqslant 1$。

解 (1) 由 $\int_{-\infty}^{+\infty} \int_{-\infty}^{+\infty} f(x, y) \, \mathrm{d}x \, \mathrm{d}y = 1$ 得 $A = \dfrac{1}{2}$。

(2) $F(x, y) = \int_{-\infty}^{y} \int_{-\infty}^{x} \mathrm{e}^{-(x+y)} \, \mathrm{d}x \, \mathrm{d}y = \begin{cases} \int_{0}^{y} \int_{0}^{x} \mathrm{e}^{-(x+y)} \, \mathrm{d}x \, \mathrm{d}y, & x>0, y>0 \\ 0, & \text{其他} \end{cases}$

$$= \begin{cases} (1-\mathrm{e}^{-x})(1-\mathrm{e}^{-y}), & x>0, y>0 \\ 0, & \text{其他} \end{cases}$$

(3) $P\{(X, Y) \in D\} = \iint\limits_{D} f(x, y) \, \mathrm{d}x \, \mathrm{d}y = \int_{0}^{1} \mathrm{d}x \int_{0}^{1-x} \mathrm{e}^{-x} \mathrm{e}^{-y} \, \mathrm{d}y = 1 - \dfrac{2}{\mathrm{e}}$

例 3-5 设二维连续型随机变量 (X, Y) 的概率密度为

$$f(x, y) = \begin{cases} x^2 + \dfrac{xy}{3}, & 0 \leqslant x \leqslant 1, 0 \leqslant y \leqslant 2 \\ 0, & \text{其他} \end{cases}$$

求 $P\{Y \geqslant X\}$。

解 由题意可得

$$P\{Y \geqslant X\} = \iint\limits_{y \geqslant x} f(x, y) \, \mathrm{d}x \, \mathrm{d}y = \int_{0}^{1} \mathrm{d}x \int_{x}^{2} \left(x^2 + \dfrac{xy}{3}\right) \mathrm{d}y = \dfrac{17}{24}$$

以上关于二维随机变量的讨论，不难推广到 $n(n>2)$ 维随机变量的情形。一般地，设 E 是一个随机试验，它的样本空间为 Ω，$X_1, X_2, \cdots, X_n$ 是定义在 Ω 上的随机变量，则由它们构成的一个 n 维变量 $(X_1, X_2, \cdots, X_n)$，称为 n 维随机变量或 n 维随机向量。

对任意 n 个实数 $x_1, x_2, \cdots, x_n$，n 元函数

$$F(x_1, x_2, \cdots, x_n) = P\{X_1 \leqslant x_1, X_2 \leqslant x_2, \cdots, X_n \leqslant x_n\}$$

称为 n 维随机变量 $(X_1, X_2, \cdots, X_n)$ 的分布函数或联合分布函数，它具有与二元分布函数类似的性质。

设 n 维随机变量 $(X_1, X_2, \cdots, X_n)$ 的联合分布函数为 $F(x_1, x_2, \cdots, x_n)$，若存在非负函数 $f(x_1, x_2, \cdots, x_n)$，使对任意的 $x_1, x_2, \cdots, x_n$，有

$$F(x_1, x_2, \cdots, x_n) = \int_{-\infty}^{x_n} \int_{-\infty}^{x_{n-1}} \cdots \int_{-\infty}^{x_1} f(x_1, x_2, \cdots, x_n) \, dx_1 dx_2 \cdots dx_n$$

则 $(X_1, X_2, \cdots, X_n)$ 称为 n 维连续型随机变量，$f(x_1, x_2, \cdots, x_n)$ 称为 n 维连续型随机变量 $(X_1, X_2, \cdots, X_n)$ 的概率密度。

第二节　二维随机变量的边缘分布

定义 3 - 5　设 (X, Y) 是二维随机变量，其分布函数为 $F(x, y)$，事件 $\{X \leqslant x\}$ 即为 $\{X \leqslant x, Y < +\infty\}$，从而由 (X, Y) 的分布函数可定义出 X 的分布函数，记为 $F_X(x)$，即

$$F_X(x) = P\{X \leqslant x\} = P\{X \leqslant x, Y < +\infty\} = F(x, +\infty) = \lim_{y \to +\infty} F(x, y)$$

称 $F_X(x)$ 为关于 X 的边缘分布函数。类似地，可以定义关于 Y 的边缘分布函数 $F_Y(y)$ 为

$$F_Y(y) = P\{Y \leqslant y\} = P\{X < +\infty, Y \leqslant y\} = F(+\infty, y) = \lim_{x \to +\infty} F(x, y)$$

一、离散型边缘分布

设 (X, Y) 为二维离散型随机变量，其分布律为

$$P\{X = x_i, Y = y_j\} = p_{ij} \quad (i, j = 1, 2, \cdots)$$

则

$$F_X(x) = F(x, +\infty) = \sum_{x_i \leqslant x} \sum_{j=1}^{\infty} p_{ij}$$

$$F_Y(y) = F(+\infty, y) = \sum_{y_i \leqslant y} \sum_{i=1}^{\infty} p_{ij}$$

从而 X 和 Y 的分布律分别为

$$P\{X = x_i\} = \sum_{j=1}^{\infty} p_{ij} \quad (i = 1, 2, \cdots)$$

$$P\{Y = y_j\} = \sum_{i=1}^{\infty} p_{ij} \quad (j = 1, 2, \cdots)$$

定义 3 - 6　记

$$p_{i\cdot} = P\{X = x_i\} = \sum_{j=1}^{\infty} p_{ij} \quad (i = 1, 2, \cdots)$$

$$p_{\cdot j} = P\{Y = y_j\} = \sum_{i=1}^{\infty} p_{ij} \quad (j = 1, 2, \cdots)$$

分别称上述 $p_{i\cdot}$ 和 $p_{\cdot j}$ 为 (X, Y) 关于 X 与 Y 的边缘分布律。

例 3 - 6　设二维随机变量 (X, Y) 的分布律为

X \ Y	0	1	2
0	0.2	0.1	0
1	0.2	0.1	0.4

求 (X, Y) 分别关于 X 与 Y 的边缘分布律。

解　由题意知，(X, Y) 的分布律和边缘分布律为

X \ Y	0	1	2	$p_i.$
0	0.2	0.1	0	0.3
1	0.2	0.1	0.4	0.7
$p._j$	0.4	0.2	0.4	

则 X 与 Y 的边缘分布律分别为

X	0	1
P	0.3	0.7

Y	0	1	2
P	0.4	0.2	0.4

显然，边缘分布律满足以下两条性质：

(1) 边缘分布律具有一维分布律的一般性质；

(2) 联合分布律唯一决定边缘分布律，反之则不然。

例 3-7　设盒中有 2 个红球、3 个白球，从中每次任取 1 个球，连续取两次，记 X 与 Y 分别表示第一次与第二次取出的红球个数，分别对有放回摸球与不放回摸球两种情况求出 (X, Y) 的分布律与边缘分布律。

解　(1) 有放回摸球的情况：

由于事件 $X=i$ 与 $Y=j$ 相互独立 $(i, j=0, 1)$，因此

$$P\{X=0, Y=0\} = P\{X=0\} \times P\{Y=0\} = \frac{3}{5} \times \frac{3}{5} = \frac{9}{25}$$

$$P\{X=0, Y=1\} = P\{X=0\} \times P\{Y=1\} = \frac{2}{5} \times \frac{3}{5} = \frac{6}{25}$$

$$P\{X=1, Y=0\} = P\{X=1\} \times P\{Y=0\} = \frac{2}{5} \times \frac{3}{5} = \frac{6}{25}$$

$$P\{X=1, Y=1\} = P\{X=1\} \times P\{Y=1\} = \frac{2}{5} \times \frac{2}{5} = \frac{4}{25}$$

则(X,Y)的分布律和边缘分布律为

Y\X	0	1	$p_i.$
0	$\frac{9}{25}$	$\frac{6}{25}$	$\frac{3}{5}$
1	$\frac{6}{25}$	$\frac{4}{25}$	$\frac{2}{5}$
$p._j$	$\frac{3}{5}$	$\frac{2}{5}$	

X 与 Y 的边缘分布律分别为

X	0	1
P	$\frac{3}{5}$	$\frac{2}{5}$

Y	0	1
P	$\frac{3}{5}$	$\frac{2}{5}$

(2) 不放回摸球的情况：

$$P\{X=0,Y=0\}=P\{X=0\}\times P\{Y=0\,|\,X=0\}=\frac{2}{5}\times\frac{3}{4}=\frac{3}{10}$$

$$P\{X=0,Y=1\}=P\{X=0\}\times P\{Y=1\,|\,X=0\}=\frac{3}{5}\times\frac{2}{4}=\frac{3}{10}$$

$$P\{X=1,Y=0\}=P\{X=1\}\times P\{Y=0\,|\,X=1\}=\frac{2}{5}\times\frac{3}{4}=\frac{3}{10}$$

$$P\{X=1,Y=1\}=P\{X=1\}\times P\{Y=1\,|\,X=1\}=\frac{2}{5}\times\frac{1}{4}=\frac{1}{10}$$

则(X,Y)的分布律和边缘分布律为

Y\X	0	1	$p_i.$
0	$\frac{3}{10}$	$\frac{3}{10}$	$\frac{3}{5}$
1	$\frac{3}{10}$	$\frac{1}{10}$	$\frac{2}{5}$
$p._j$	$\frac{3}{5}$	$\frac{2}{5}$	

X 与 Y 的边缘分布律分别为

X	0	1
P	$\frac{3}{5}$	$\frac{2}{5}$

Y	0	1
P	$\frac{3}{5}$	$\frac{2}{5}$

二、连续型边缘分布

定义 3 - 7　设二维连续型随机变量(X,Y)的概率密度函数为$f(x,y)$，由

$$F_X(x)=F(x,+\infty)=\int_{-\infty}^{x}\left[\int_{-\infty}^{+\infty}f(x,y)\,\mathrm{d}y\right]\mathrm{d}x$$

$$F_Y(y)=F(+\infty,y)=\int_{-\infty}^{y}\left[\int_{-\infty}^{+\infty}f(x,y)\,\mathrm{d}x\right]\mathrm{d}y$$

知 X 和 Y 都是连续型随机变量，它们的概率密度分别为

$$f_X(x)=\int_{-\infty}^{+\infty}f(x,y)\,\mathrm{d}y$$

$$f_Y(y)=\int_{-\infty}^{+\infty}f(x,y)\,\mathrm{d}x$$

称 $f_X(x)$ 与 $f_Y(y)$ 分别为(X,Y)关于 X 和 Y 的边缘概率密度。

例 3 - 8　设随机变量 X 和 Y 具有联合概率密度

$$f(x,y)=\begin{cases}6, & x^2\leqslant y\leqslant x\\0, & \text{其他}\end{cases}$$

求边缘概率密度 $f_X(x)$ 与 $f_Y(y)$。

解　由边缘概率密度的定义知

$$f_X(x)=\int_{-\infty}^{+\infty}f(x,y)\,\mathrm{d}y=\begin{cases}\int_{x^2}^{x}6\mathrm{d}y=6(x-x^2), & 0\leqslant x\leqslant 1\\0, & \text{其他}\end{cases}$$

$$f_Y(y)=\int_{-\infty}^{+\infty}f(x,y)\,\mathrm{d}x=\begin{cases}\int_{y}^{\sqrt{y}}6\mathrm{d}x=6(\sqrt{y}-y), & 0\leqslant y\leqslant 1\\0, & \text{其他}\end{cases}$$

例 3 - 9　设 D 是平面上的有界区域，其面积为 A，若二维随机变量(X,Y)的概率密度函数为

$$f(x,y)=\begin{cases}\dfrac{1}{A}, & (x,y)\in D\\0, & \text{其他}\end{cases}$$

则称(X,Y)在 D 上服从均匀分布。现已知(X,Y)在以原点为中心、1 为半径的圆域上服从均匀分布，求边缘概率密度 $f_X(x)$ 与 $f_Y(y)$。

解　由 $\displaystyle\int_{-\infty}^{+\infty}\int_{-\infty}^{+\infty}f(x,y)\,\mathrm{d}x\mathrm{d}y=1$ 得 $A=\pi$。

当 $|x|<1$ 时，

$$f_X(x)=\int_{-\infty}^{+\infty}f(x,y)\,\mathrm{d}y=\int_{-\sqrt{1-x^2}}^{\sqrt{1-x^2}}\frac{1}{\pi}\mathrm{d}y=\frac{2}{\pi}\sqrt{1-x^2}$$

当 $|x|\geqslant 1$ 时，$f_X(x)=0$，因此

$$f_X(x)=\begin{cases}\dfrac{2}{\pi}\sqrt{1-x^2}, & |x|<1 \\ 0, & \text{其他}\end{cases}$$

同理可得

$$f_Y(y)=\begin{cases}\dfrac{2}{\pi}\sqrt{1-y^2}, & |y|<1 \\ 0, & \text{其他}\end{cases}$$

第三节　随机变量的独立性

一、两个随机变量的独立性

我们知道两个事件 A 和 B 独立的充分必要条件为

$$P(AB)=P(A)P(B)$$

由此引入随机变量相互独立的定义。

定义 3-8　设 $F(x,y)$ 及 $F_X(x)$、$F_Y(y)$ 分别是二维随机变量 (X,Y) 的分布函数和边缘分布函数，若对于所有的 x、y，有

$$P\{X\leqslant x, Y\leqslant y\}=P\{X\leqslant x\}P\{Y\leqslant y\}$$

即

$$F(x,y)=F_X(x)F_Y(y)$$

则称随机变量 X 和 Y 是相互独立的。

二维随机变量 (X,Y) 相互独立的意义是对所有实数对 (x,y)，随机事件 $\{X\leqslant x\}$ 与 $\{Y\leqslant y\}$ 相互独立。

二、二维离散型随机变量的独立性

定义 3-9　设二维离散型随机变量 (X,Y) 的联合分布律为

$$P\{X=x_i, Y=y_j\}=p_{ij}\quad(i,j=1,2,\cdots)$$

(X,Y) 关于 X 和 Y 的边缘分布律分别为

$$p_{i.}=P\{X=x_i\}=\sum_{j=1}^{\infty}p_{ij}\quad(i=1,2,\cdots)$$

$$p_{.j}=P\{Y=y_j\}=\sum_{i=1}^{\infty}p_{ij}\quad(j=1,2,\cdots)$$

则 X 和 Y 相互独立的充要条件是

$$P\{X=x, Y=y\}=P\{X=x\}P\{Y=y\}$$

即

$$p_{ij} = p_{i\cdot} \cdot p_{\cdot j}$$

例 3 - 10　将一枚均匀硬币连抛两次，令

$$X = \begin{cases} 1, & \text{第一次出现正面} \\ 0, & \text{第一次出现反面} \end{cases}, \quad Y = \begin{cases} 1, & \text{第二次出现正面} \\ 0, & \text{第二次出现反面} \end{cases}$$

判断 X 和 Y 是否相互独立。

解　由题意知，(X, Y) 的所有可能取值为 $(0, 0)$、$(0, 1)$、$(1, 0)$、$(1, 1)$，且对于每一对数值的概率相等，均为

$$P\{X = i, Y = j\} = \frac{1}{4} \quad (i, j = 0, 1)$$

而

$$P\{X = i\} = \frac{1}{2} \quad (i = 0, 1)$$

$$P\{Y = j\} = \frac{1}{2} \quad (j = 0, 1)$$

从而

$$P\{X = i, Y = j\} = \frac{1}{4} = P\{X = i\} P\{Y = j\}$$

故 X 和 Y 相互独立。

例 3 - 11　设 k_1、k_2 分别是掷一枚骰子两次先后出现的点数，试求 $x^2 + k_1 x + k_2 = 0$ 有实根的概率 p 和有重根的概率 q。

解　由题设条件知，k_1、k_2 相互独立，又

$$P\{k_1 = i\} = P\{k_2 = j\} = \frac{1}{6} \quad (i, j = 1, 2, \cdots, 6)$$

$$P\{X = i, Y = j\} = \frac{1}{36} \quad (i, j = 1, 2, \cdots, 6)$$

所以

$$p = P\{k_1^2 \geqslant 4k_2\} = \sum_{j=1}^{6} P\{k_1^2 \geqslant 4k_2 \mid k_1 = i\} P\{k_1 = i\}$$

$$= \frac{1}{6} \times \left(0 + \frac{1}{6} + \frac{2}{6} + \frac{4}{6} + 1 + 1\right) = \frac{19}{36}$$

$$q = P\{k_1^2 = 4k_2\} = P\{k_1 = 2, k_2 = 1\} + P\{k_1 = 4, k_2 = 4\} = \frac{1}{18}$$

三、二维连续型随机变量的独立性

定义 3 - 10　设二维连续型随机变量 (X, Y) 的联合概率密度函数为 $f(x, y)$，关于 X

和 Y 的边缘概率密度为 $f_X(x)$ 与 $f_Y(y)$，则 X 和 Y 相互独立的充要条件是等式

$$f(x, y) = f_X(x) f_Y(y)$$

处处成立。

例 3 - 12 若 (X, Y) 的联合概率密度函数为

$$f(x, y) = \begin{cases} e^{-(x+y)}, & x \geq 0, y \geq 0 \\ 0, & 其他 \end{cases}$$

证明 X 和 Y 相互独立。

证明 显然

$$f_X(x) = \begin{cases} e^{-x}, & x \geq 0 \\ 0, & 其他 \end{cases}, \quad f_Y(y) = \begin{cases} e^{-y}, & y \geq 0 \\ 0, & 其他 \end{cases}$$

故有 $f(x, y) = f_X(x) f_Y(y)$，从而 X 和 Y 相互独立。

例 3 - 13 设 X 和 Y 是两个相互独立的随机变量，$X \sim U(0, 1)$，$Y \sim E(1)$，求：

(1) X 和 Y 的联合概率密度函数；

(2) $P\{X \leq Y\}$；

(3) $P\{X + Y \leq 1\}$。

解 (1) 因为 X 和 Y 的概率密度函数分别为

$$f_X(x) = \begin{cases} 1, & 0 < x < 1 \\ 0, & 其他 \end{cases}, \quad f_Y(y) = \begin{cases} e^{-y}, & y > 0 \\ 0, & 其他 \end{cases}$$

所以，由 X 和 Y 独立性知，X 和 Y 的联合概率密度函数为

$$f(x, y) = f_X(x) f_Y(y) = \begin{cases} e^{-y}, & 0 < x < 1, y > 0 \\ 0, & 其他 \end{cases}$$

(2) $P\{X \leq Y\} = \int_0^1 \int_0^x e^{-y} \mathrm{d}y \mathrm{d}x = \int_0^1 (1 - e^{-x}) \mathrm{d}x = e^{-1}$

(3) $P\{X + Y \leq 1\} = \int_0^1 \int_0^{1-x} e^{-y} \mathrm{d}y \mathrm{d}x = \int_0^1 [1 - e^{-(1-x)}] \mathrm{d}x = e^{-1}$

以上关于二维随机变量的一些概念，很容易推广到 n 维随机变量的情形。

设 n 维随机变量 $(X_1, X_2, \cdots, X_n)$ 的联合分布函数为 $F(x_1, x_2, \cdots, x_n)$，若对任意的 $x_1, x_2, \cdots, x_n$，有

$$F(x_1, x_2, \cdots, x_n) = F_1(x_1) F_2(x_2) \cdots F_n(x_n)$$

成立，其中 $F_n(x_n)$ 是对 X_n 的边缘分布函数，称 $X_1, X_2, \cdots, X_n$ 相互独立。

若 $X_1, X_2, \cdots, X_n$ 为 n 维连续型随机变量，则上式可改写为

$$f(x_1, x_2, \cdots, x_n) = f_1(x_1) f_2(x_2) \cdots f_n(x_n)$$

第四节 二维随机变量的条件分布

一、二维离散型随机变量的条件分布

设二维离散型随机变量(X,Y)的分布率为

$$P\{X=x_i, Y=y_j\}=p_{ij} \quad (i,j=1,2,\cdots)$$

(X,Y)关于X和Y的边缘分布律分别为

$$P\{X=x_i\}=p_{i\cdot}=\sum_{j=1}^{\infty}p_{ij} \quad (i=1,2,\cdots)$$

$$P\{Y=y_j\}=p_{\cdot j}=\sum_{i=1}^{\infty}p_{ij} \quad (j=1,2,\cdots)$$

若$p_{\cdot j}>0$，则我们可以由条件概率公式考虑事件$\{Y=y_j\}$发生的条件下事件$\{X=x_i\}$发生的概率，即

$$P\{X=x_i \,|\, Y=y_j\}=\frac{P\{X=x_i, Y=y_j\}}{P\{Y=y_j\}}=\frac{p_{ij}}{p_{\cdot j}} \quad (i=1,2,\cdots)$$

易知上述条件概率具有分布律的性质：

(1) $P\{X=x_i, Y=y_j\}\geqslant 0$；

(2) $\sum_{i=1}^{\infty}P\{X=x_i, Y=y_j\}=\sum_{i=1}^{\infty}\frac{p_{ij}}{p_{\cdot j}}=\frac{1}{p_{\cdot j}}\sum_{i=1}^{\infty}p_{ij}=1$。

由此我们引入条件分布律的定义。

定义 3-11 设(X,Y)是二维离散型随机变量，对于固定的j，若$P\{Y=y_j\}>0$，则称

$$P\{X=x_i \,|\, Y=y_j\}=\frac{P\{X=x_i, Y=y_j\}}{P\{Y=y_j\}}=\frac{p_{ij}}{p_{\cdot j}} \quad (i=1,2,\cdots)$$

为在$Y=y_j$的条件下随机变量X的条件分布律。

同理，对于固定的i，若$P\{X=x_i\}>0$，则称

$$P\{Y=y_j \,|\, X=x_i\}=\frac{P\{X=x_i, Y=y_j\}}{P\{X=x_i\}}=\frac{p_{ij}}{p_{i\cdot}} \quad (j=1,2,\cdots)$$

为在$X=x_i$的条件下随机变量Y的条件分布律。

同样，我们可以给出条件分布函数的定义。

定义 3-12 设$Y=y_j$的条件下随机变量X的条件分布函数为

$$F(x \,|\, y_j)=\sum_{x_i\leqslant x}P(X=x_i \,|\, Y=y_j)$$

以及$X=x_i$的条件下随机变量Y的条件分布函数为

$$F(y \mid x_i) = \sum_{y_j \leqslant y} P(Y = y_j \mid X = x_i)$$

则在已知 $X = x$ 的条件下，Y 的条件分布密数为 $f(y \mid x) = \dfrac{f(x, y)}{f_X(x)}$。

例 3 - 14 若已知 (ξ, η) 的联合边缘分布如下：

ξ ＼ η	1	2	3	$p\{\xi = x_i\}$
3	0.1	0	0	0.1
4	0.2	0.1	0	0.3
5	0.3	0.2	0.1	0.6
$p\{\eta = y_j\}$	0.6	0.3	0.1	

求：

(1) 在 $\eta = 1$ 条件下，ξ 的条件概率分布；

(2) 在 $\xi = 4$ 条件下，η 的条件概率分布。

解 (1)
$$P\{\xi = 3 \mid \eta = 1\} = \frac{P\{\xi = 3, \eta = 1\}}{P\{\eta = 1\}} = \frac{0.1}{0.6} = \frac{1}{6}$$

$$P\{\xi = 4 \mid \eta = 1\} = \frac{P\{\xi = 4, \eta = 1\}}{P\{\eta = 1\}} = \frac{0.2}{0.6} = \frac{1}{3}$$

$$P\{\xi = 5 \mid \eta = 1\} = \frac{P\{\xi = 5, \eta = 1\}}{P\{\eta = 1\}} = \frac{0.3}{0.6} = \frac{1}{2}$$

因此，在 $\eta = 1$ 条件下，ξ 的条件概率分布如下：

ξ	3	4	5
$P\{\xi = x_i \mid \eta = 1\}$	$\dfrac{1}{6}$	$\dfrac{1}{3}$	$\dfrac{1}{2}$

(2)
$$P\{\eta = 1 \mid \xi = 4\} = \frac{P\{\eta = 1, \xi = 4\}}{P\{\xi = 4\}} = \frac{0.2}{0.3} = \frac{2}{3}$$

$$P\{\eta = 2 \mid \xi = 4\} = \frac{P\{\eta = 2, \xi = 4\}}{P\{\xi = 4\}} = \frac{0.1}{0.3} = \frac{1}{3}$$

$$P\{\eta = 3 \mid \xi = 4\} = \frac{P\{\eta = 3, \xi = 4\}}{P\{\xi = 4\}} = \frac{0}{0.3} = 0$$

因此，在 $\xi = 4$ 条件下，η 的条件概率分布如下：

η	1	2	3
$P\{\eta = y_i \mid \xi = 4\}$	$\dfrac{2}{3}$	$\dfrac{1}{3}$	0

二、二维连续型随机变量的条件分布

定义 3 - 13　设二维连续型随机变量$(X，Y)$的联合概率密度函数为$f(x，y)$，关于Y的边缘概率密度为$f_Y(y)$，对固定的y，$f_Y(y)>0$，则称$\dfrac{f(x，y)}{f_Y(y)}$为在$Y=y$的条件下X的条件概率密度，记为

$$f_{X|Y}(x\,|\,y)=\frac{f(x，y)}{f_Y(y)}$$

称

$$\int_{-\infty}^{x}f_{X|Y}(x\,|\,y)\,\mathrm{d}x=\int_{-\infty}^{x}\frac{f(x，y)}{f_Y(y)}\mathrm{d}x$$

为在$Y=y$的条件下X的条件分布函数，记为$P\{X\leqslant x\,|\,Y=y\}$或$F_{X|Y}(x\,|\,y)$，即

$$F_{X|Y}(x\,|\,y)=P\{X\leqslant x\,|\,Y=y\}=\int_{-\infty}^{x}\frac{f(x，y)}{f_Y(y)}\mathrm{d}x$$

类似地，也可以定义$f_{Y|X}(y\,|\,x)=\dfrac{f(x，y)}{f_X(x)}$与$F_{Y|X}(y\,|\,x)=\displaystyle\int_{-\infty}^{y}\dfrac{f(x，y)}{f_X(x)}\mathrm{d}y$。

例 3 - 15　设$(X，Y)$在$G=\{(x，y):x^2+y^2\leqslant1\}$上服从均匀分布，求给定$Y=y$的条件下$X$的条件概率密度函数$f_{X|Y}(x\,|\,y)$。

解　由题意知

$$f(x，y)=\begin{cases}\dfrac{1}{\pi}，&x^2+y^2\leqslant1\\[2mm]0，&\text{其他}\end{cases}$$

则

$$f_Y(y)=\begin{cases}\displaystyle\int_{-\sqrt{1-y^2}}^{\sqrt{1-y^2}}\dfrac{1}{\pi}\mathrm{d}x=\dfrac{2}{\pi}\sqrt{1-y^2}，&-1\leqslant y\leqslant1\\[3mm]0，&\text{其他}\end{cases}$$

$$f_{X|Y}(x\,|\,y)=\frac{f(x，y)}{f_Y(y)}=\begin{cases}\dfrac{1}{2\sqrt{1-y^2}}，&-\sqrt{1-y^2}\leqslant x\leqslant\sqrt{1-y^2}\\[3mm]0，&\text{其他}\end{cases}$$

从中易知，在给定$Y=y$的条件下X的条件分布也是均匀分布。

第五节　二维随机变量函数的分布

在某些试验中，我们关心的随机变量不能通过直接观测得到，它可能是一个或多个能直接观测的随机变量的函数，本节我们对几个例子加以讨论。

一、二维离散型随机变量的函数的分布

设$(X，Y)$是二维离散型随机变量，$g(x，y)$是一个二元函数，则$g(x，y)$作为$(X，Y)$

的函数是一个随机变量。如果(X,Y)的概率分布为

$$P\{X=x_i,Y=y_j\}=p_{ij}\quad(i,j=1,2,\cdots)$$

设$Z=g(x,y)$的所有可能取值为$z_k,k=1,2,\cdots$，则Z的概率分布为

$$P\{Z=z_k\}=P\{g(x,y)=z_k\}=\sum_{g(x_i,y_j)=z_k}P\{X=x_i,Y=y_j\}\quad(k=1,2,\cdots)$$

例 3-16　设随机变量(X,Y)的概率分布如下：

X＼Y	−1	0	1	2
−1	0.2	0.15	0.1	0.3
2	0.1	0	0.1	0.05

求二维随机变量的函数Z的分布：

(1) $Z=X+Y$；

(2) $Z=XY$；

(3) $Z=\max(X,Y)$。

解　由(X,Y)的概率分布可得

p_{ij}	0.2	0.15	0.1	0.3	0.1	0	0.1	0.05
$D(X,Y)$	$(-1,-1)$	$(-1,0)$	$(-1,1)$	$(-1,2)$	$(2,-1)$	$(2,0)$	$(2,1)$	$(2,2)$
$Z=X+Y$	−2	−1	0	1	1	2	3	4
$Z=XY$	1	0	−1	−2	−2	0	2	4
$Z=\max(X,Y)$	−1	0	1	2	2	2	2	2

则：

(1) $Z=X+Y$的概率分布为

Z	−2	−1	0	1	2	3	4
p	0.2	0.15	0.1	0.4	0	0.1	0.05

(2) $Z=XY$的概率分布为

Z	−2	−1	0	1	2	4
p	0.4	0.1	0.15	0.2	0.1	0.05

(3) $Z=\max(X,Y)$的概率分布为

Z	−1	0	1	2
p	0.2	0.15	0.1	0.55

二、二维连续型随机变量的函数的分布

设 (X,Y) 是二维连续型随机变量，它具有概率密度 $f(x,y)$，则 $Z=X+Y$ 仍为连续型随机变量，其概率密度为

$$f_{X+Y}(z)=\int_{-\infty}^{\infty}f(z-y,y)\,\mathrm{d}y$$

或

$$f_{X+Y}(z)=\int_{-\infty}^{\infty}f(x,z-x)\,\mathrm{d}x$$

又若 X 和 Y 相互独立，设 (X,Y) 关于 X 和 Y 的边缘密度分别为 $f_X(x)$、$f_Y(y)$，则上面两式可化为

$$f_{X+Y}(z)=\int_{-\infty}^{\infty}f_X(z-y)f_Y(y)\,\mathrm{d}y$$

$$f_{X+Y}(z)=\int_{-\infty}^{\infty}f_X(x)f_Y(z-x)\,\mathrm{d}x$$

称为 f_X、f_Y 的卷积公式，记为 f_X*f_Y，即

$$f_X*f_Y=\int_{-\infty}^{\infty}f_X(z-y)f_Y(y)\,\mathrm{d}y=\int_{-\infty}^{\infty}f_X(x)f_Y(z-x)\,\mathrm{d}x$$

例 3 - 17　设 X 和 Y 是两个相互独立的随机变量，它们都服从 $N(0,1)$ 分布，其概率密度为

$$f_X(x)=\frac{1}{\sqrt{2\pi}}\mathrm{e}^{-\frac{x^2}{2}},\quad -\infty<x<\infty$$

$$f_Y(y)=\frac{1}{\sqrt{2\pi}}\mathrm{e}^{-\frac{y^2}{2}},\quad -\infty<y<\infty$$

求 $Z=X+Y$ 的概率密度。

解　因为

$$f_Z(z)=\int_{-\infty}^{\infty}f_X(z-y)f_Y(y)\,\mathrm{d}y$$

$$=\frac{1}{2\pi}\int_{-\infty}^{\infty}\mathrm{e}^{-\frac{(z-y)^2}{2}}\cdot\mathrm{e}^{-\frac{y^2}{2}}\,\mathrm{d}y=\frac{1}{2\pi}\mathrm{e}^{-\frac{z^2}{4}}\int_{-\infty}^{\infty}\mathrm{e}^{-(\frac{y-z}{2})^2}\,\mathrm{d}y$$

令 $t=y-\dfrac{z}{2}$，得

$$f_Z(z)=\frac{1}{2\pi}\mathrm{e}^{-\frac{z^2}{4}}\int_{-\infty}^{\infty}\mathrm{e}^{-t^2}\,\mathrm{d}t=\frac{1}{2\pi}\mathrm{e}^{-\frac{z^2}{4}}\sqrt{\pi}=\frac{1}{2\sqrt{\pi}}\mathrm{e}^{-\frac{z^2}{4}}$$

所以 Z 服从 $N(0,2)$ 分布。

一般地，设 X 和 Y 相互独立，且 $X\sim N(\mu_1,\sigma_1^2)$，$Y\sim N(\mu_2,\sigma_2^2)$，则 $Z=X+Y$ 仍服从正态分布，且有 $Z\sim N(\mu_1+\mu_2,\sigma_1^2+\sigma_2^2)$。

此时 $Z = g(X, Y)$，我们可以按照分布函数的定义来求 $f_Z(z)$，而对分布函数求导即得其密度函数，该方法具有一定的普遍性。

例 3 - 18 设 X 和 Y 的联合密度函数为

$$f(x, y) = \begin{cases} 3x, & 0 < x < 1, 0 < y < x \\ 0, & \text{其他} \end{cases}$$

试求 $Z = X - Y$ 的概率密度。

解 因为当 $0 < z < 1$ 时，$f(x, y)$ 的非零区域与 $\{x - y \leqslant z\}$ 的交集如图 3 - 2 阴影部分所示，所以

$$f_Z(z) = P\{Z \leqslant z\} = P\{X - Y \leqslant z\}$$

$$= \int_0^z dx \int_0^x 3x\, dy + \int_z^1 dx \int_{x-z}^x 3x\, dy$$

$$= \int_0^z 3x^2\, dx + \int_z^1 3zx\, dx = \frac{3}{2}z - \frac{1}{2}z^3$$

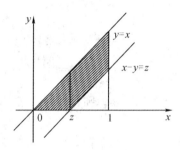

图 3 - 2

当 $z \leqslant 0$ 时，$F_Z(z) = 0$，当 $z \geqslant 1$ 时，$F_Z(z) = 1$，从而可得

$$f_Z(z) = F_Z'(z) = \begin{cases} \dfrac{3}{2}(1 - z^2), & 0 < z < 1 \\ 0, & \text{其他} \end{cases}$$

本 章 小 结

1. 二维随机变量的分布函数的概念和性质

(1) (X, Y) 的分布函数为 $F(x, y) = P\{X \leqslant x, Y \leqslant y\}$。

(2) $F(x, y)$ 的性质：

① $F(+\infty, +\infty) = 1$；

② $F(-\infty, y) = 0$，$F(x, -\infty) = 0$，$F(-\infty, -\infty) = 0$。

(3) (X, Y) 关于 X 的分布函数为 $F_X(x) = F(x, +\infty)$，关于 Y 的分布函数为 $F_Y(y) = F(+\infty, y)$。

2. 二维离散型随机变量

(1) $(X，Y)$ 的分布律：

X \ Y	y_1	y_2	$\cdots$	y_j	$\cdots$
x_1	p_{11}	p_{12}	$\cdots$	p_{1j}	$\cdots$
x_2	p_{21}	p_{22}	$\cdots$	p_{2j}	$\cdots$
$\vdots$	$\vdots$	$\vdots$		$\vdots$	
x_i	p_{i1}	p_{i2}	$\cdots$	p_{ij}	$\cdots$
$\vdots$	$\vdots$	$\vdots$		$\vdots$	

性质：$\sum\limits_{i=1}^{\infty} \sum\limits_{j=1}^{\infty} p_{ij} = 1$。

(2) $(X，Y)$ 关于 X 与 Y 的边缘分布：

$$p_{i\cdot} = P\{X = x_i\} = \sum_{j=1}^{\infty} p_{ij} \quad (i=1，2，\cdots)$$

$$p_{\cdot j} = P\{Y = y_j\} = \sum_{i=1}^{\infty} p_{ij} \quad (j=1，2，\cdots)$$

(3) X 和 Y 相互独立的充要条件：

$$P\{X=x，Y=y\} = P\{X=x\}P\{Y=y\}$$

(4) $Z = X + Y$ 的分布律。

3. 二维连续型随机变量

(1) $(X，Y)$ 的概率密度为 $f(x，y)$，则其分布函数为

$$F(x，y) = \int_{-\infty}^{y} \int_{-\infty}^{x} f(u，v)\,\mathrm{d}u\,\mathrm{d}v$$

性质：$\int_{-\infty}^{+\infty} \int_{-\infty}^{+\infty} f(u，v)\,\mathrm{d}u\,\mathrm{d}v = 1$。

(2) $f(x，y) = \dfrac{\partial^2 F(x，y)}{\partial x \partial y}$。

(3) 对二维连续型随机变量 $(X，Y)$，使用公式

$$P\{(X，Y) \in G\} = \iint\limits_{G} f(x，y)\,\mathrm{d}x\,\mathrm{d}y$$

计算 $(X，Y)$ 落在 G 内的概率。

(4) 对二维连续型随机变量 $(X，Y)$，X 和 Y 的边缘概率密度分别为 $f_X(x) = \int_{-\infty}^{+\infty} f(x，y)\,\mathrm{d}y$ 和 $f_Y(y) = \int_{-\infty}^{+\infty} f(x，y)\,\mathrm{d}x$。

(5) X 和 Y 相互独立的充要条件是等式 $f(x，y) = f_X(x)f_Y(y)$ 处处成立。

【阅读材料】

布丰投针试验

"数学之所以有生命力，就在于有趣。数学之所以有趣，就在于它对思维的启迪。"

公元 1777 年的一天，法国科学家 D. 布丰(1707—1788 年)的家里宾客满堂，原来他们是应主人的邀请前来观看一次奇特的试验的。

试验开始，但见年已古稀的布丰先生兴致勃勃地拿出一张纸来，纸上预先画好了一条条等距离的平行线。接着他又抓出一大把预先准备好的小针，这些小针的长度都是平行线间距的一半。然后布丰先生宣布："请诸位把这些小针一根一根往纸上扔吧！不过，请大家务必把扔下的针是否与纸上的平行线相交告诉我。"

客人们不知布丰先生要干什么，只好客随主意，一个个加入了试验的行列。一把小针扔完了，把它捡起来又扔。而布丰先生本人则不停地在一旁数着、记着，如此这般地忙碌了将近一个钟头。最后，布丰先生高声宣布："先生们，我这里记录了诸位刚才的投针结果，共投针 2212 次，其中与平行线相交的有 704 次。总数 2212 与相交数 704 的比值为 3.142。"说到这里，布丰先生故意停了停，并对大家报以神秘的一笑，接着有意提高声调说："先生们，这就是圆周率 π 的近似值！"众宾哗然，一时议论纷纷，个个感到莫名其妙；"圆周率 π? 这可是与圆半点也不沾边的呀！"布丰先生似乎猜透了大家的心思，得意洋洋地解释道："诸位，这里用的是概率的原理，如果大家有耐心的话，再增加投针的次数，还能得到 π 的更精确的近似值。不过，要想弄清其间的道理，只好请大家去看敝人的新作了。"随后布丰先生扬了扬自己手上的一本《或然算术试验》。

π 在这种纷纭杂乱的场合出现，实在是出乎人们的意料，然而它却是千真万确的事实。由于投针试验问题是布丰先生最先提出的，所以数学史上就称它为布丰问题。布丰得出的一般结果是：如果纸上两平行线间相距为 d，小针长为 l，投针的次数为 n，所投的针当中与平行线相交的次数是 m，那么当 n 相当大时，有 $\pi \approx (2ln)/(dm)$。在上面的故事中，针长 l 等于平行线距离 d 的一半，所以代入上面公式简化为 $\pi \approx n/m$。

喜欢思考的读者，一定想知道布丰先生投针试验的原理，下面就是一个简单而巧妙的证明。

找一根铁丝弯成一个圆圈，使其直径恰恰等于平行线间的距离 d。可以想象得到，对于这样的圆圈来说，不管怎么扔下，都将和平行线有两个交点。因此，如果圆圈扔下的次数为 n 次，那么相交的交点总数必为 $2n$。现在设想把圆圈拉直，变成一条长为 πd 的铁丝。显然，这样的铁丝扔下时与平行线相交的情形要比圆圈复杂些，可能有 4 个交点，3 个交点，2 个交点，1 个交点，甚至于都不相交。由于圆圈和直线的长度同为 πd，根据机会均等的原理，当它们投掷次数较多，且相等时，两者与平行线组交点的总数可望是一样的。这就是说,当长为 πd 的铁丝扔下 n 次时,与平行线相交的交点总数应大致为 $2n$。

现在再来讨论铁丝长为 l 的情形。当投掷次数 n 增大的时候,这种铁丝跟平行线相交的交点总数 m 应当与长度 l 成正比,因而有:$m=kl$(k 是比例系数)。为了求出 k 来,只需注意到,对于 $l=\pi d$ 的特殊情形,有 $m=2n$。于是求得 $k=(2n)/(\pi d)$。代入前式就有 $m\approx(2ln)/(\pi d)$,从而 $\pi\approx(2ln)/(dm)$。这便是著名的布丰公式。

习 题 三

一、选择题

1. 设二维随机变量 (X,Y) 的分布律为

X \ Y	-1	0	1
0	0.1	0.3	0.2
1	0.2	0.1	0.1

则 $P\{X+Y=0\}=($)。

  A. 0.2   B. 0.3   C. 0.5   D. 0.7

2. 设二维随机变量 (X,Y) 的分布律为

X \ Y	0	1
0	0.1	0.2
1	0.3	0.4

设 $p_{ij}=P\{X=i,Y=j\}$,$i,j=0,1$,则下列各式错误的是(   )。

  A. $p_{00}<p_{01}$ B. $p_{10}<p_{11}$ C. $p_{00}<p_{11}$ D. $p_{10}<p_{01}$

3. 设二维随机变量 (X,Y) 的分布律为

X \ Y	0	1	2
0	0.1	0.2	0
1	0.3	0.1	0.1
2	0.1	0	0.1

则 $P\{X=Y\}=($)。

  A. 0.3   B. 0.5   C. 0.7   D. 0.8

4. 设二维随机变量 $(X，Y)$ 的分布律为

X \ Y	−1	0	2
0	0	$\frac{1}{6}$	$\frac{5}{12}$
$\frac{1}{3}$	$\frac{1}{12}$	0	0
1	$\frac{1}{3}$	0	0

$F(X，Y)$ 为其联合分布函数，则 $F\left(0，\frac{1}{3}\right)=(\quad)$。

A. 0   B. $\frac{1}{12}$ C. $\frac{1}{6}$ D. $\frac{1}{4}$

5. 设二维随机变量 $(X，Y)$ 的分布律为

X \ Y	0	1	2
−1	0.2	0.1	0.1
0	0	0.3	0
2	0.1	0	0.2

$F(X，Y)$ 为其联合分布函数，则 $F(0，1)=(\quad)$。

A. 0.2   B. 0.6   C. 0.7   D. 0.8

6. 设二维随机变量 $(X，Y)$ 的分布律为

X \ Y	1	2	3
1	0.1	0.2	0.2
2	0.3	0.1	0.1

则 $P\{XY=2\}=(\quad)$。

A. $\frac{1}{5}$ B. $\frac{3}{10}$ C. $\frac{1}{2}$ D. $\frac{3}{5}$

7. 设二维随机变量 $(X，Y)$ 的概率密度为 $f(x，y)=\begin{cases} c，& -1<x<1，-1<y<1 \\ 0，& 其他 \end{cases}$，则常数 $c=(\quad)$。

A. $\frac{1}{4}$ B. $\frac{1}{2}$ C. 2   D. 4

8. 设二维随机变量 (X,Y) 的概率密度为 $f(x,y)=\begin{cases}A\mathrm{e}^{-x}\mathrm{e}^{-2y}, & x>0,y>0 \\ 0, & 其他\end{cases}$，则常数 $A=(\quad)$。

A. $\dfrac{1}{2}$ B. 1 C. $\dfrac{3}{2}$ D. 2

9. 设二维随机变量 (X,Y) 的概率密度为 $f(x,y)=\begin{cases}\dfrac{1}{4}, & 0<x<2,0<y<2 \\ 0, & 其他\end{cases}$，则 $P\{0<X<1,0<Y<1\}=(\quad)$。

A. $\dfrac{1}{4}$ B. $\dfrac{1}{2}$ C. $\dfrac{3}{4}$ D. 1

10. 设二维随机变量 (X,Y) 的概率密度为 $f(x,y)=\begin{cases}\mathrm{e}^{-(x+y)}, & x>0,y>0 \\ 0, & 其他\end{cases}$，则 $P\{X\geqslant Y\}=(\quad)$。

A. $\dfrac{1}{4}$ B. $\dfrac{1}{2}$ C. $\dfrac{2}{3}$ D. $\dfrac{3}{4}$

11. 设二维随机变量 (X,Y) 的概率密度为 $f(x,y)=\begin{cases}4xy, & 0\leqslant x\leqslant1,0\leqslant y\leqslant1 \\ 0, & 其他\end{cases}$，则当 $0\leqslant y\leqslant1$ 时，(X,Y) 关于 Y 的边缘概率密度 $f_Y(y)=(\quad)$。

A. $\dfrac{1}{2x}$ B. $2x$ C. $\dfrac{1}{2y}$ D. $2y$

12. 设 X 与 Y 独立同分布，它们取 -1、1 两个值的概率分别为 $\dfrac{1}{4}$ 和 $\dfrac{3}{4}$，则 $P\{XY=-1\}=(\quad)$。

A. $\dfrac{1}{16}$ B. $\dfrac{3}{16}$ C. $\dfrac{1}{4}$ D. $\dfrac{3}{8}$

13. 设二维随机变量 (X,Y) 的分布律为

X\Y	0	1
0	0.1	0.1
1	a	b

且 X 与 Y 相互独立，则下列结论正确的是（　　）。

A. $a=0.2,b=0.6$ B. $a=-0.1,b=0.9$

C. $a=0.4,b=0.4$ D. $a=0.6,b=0.2$

14. 设 X 与 Y 相互独立，且 $X \sim N(2, 1)$，$Y \sim N(1, 1)$，则（　　）。

A. $P\{X - Y \leqslant 1\} = \dfrac{1}{2}$　　　　　　　　　B. $P\{X - Y \leqslant 0\} = \dfrac{1}{2}$

C. $P\{X + Y \leqslant 1\} = \dfrac{1}{2}$　　　　　　　　　D. $P\{X + Y \leqslant 0\} = \dfrac{1}{2}$

15. 设 X 与 Y 相互独立，且 $X \sim N(3, 4)$，$Y \sim N(2, 9)$，则 $Z = 3X - Y \sim$（　　）。

A. $N(7, 21)$　　　　　B. $N(7, 27)$　　　　　C. $N(7, 45)$　　　　　D. $N(11, 45)$

二、填空题

1. 设二维随机变量 (X, Y) 的分布律为

X ＼ Y	-1	1	2
0	$\dfrac{1}{15}$	$\dfrac{1}{15}$	a
1	$\dfrac{3}{10}$	$\dfrac{1}{15}$	$\dfrac{4}{15}$

则 $a = $ _____。

2. 设随机变量 (X, Y) 的概率密度为 $f(x, y) = \begin{cases} 1, & 0 \leqslant x \leqslant 1, 0 \leqslant y \leqslant 1 \\ 0, & \text{其他} \end{cases}$，则

$P\left\{X \leqslant \dfrac{1}{2}\right\} = $ _____。

3. 设随机变量 (X, Y) 的概率密度为 $f(x, y) = \begin{cases} \dfrac{1}{3}(x + y), & 0 \leqslant x \leqslant 2, 0 \leqslant y \leqslant 1 \\ 0, & \text{其他} \end{cases}$，则

$f_X(x) = $ _____。

4. 设随机变量 (X, Y) 的概率密度为 $f(x, y) = \begin{cases} e^{-(x+y)}, & x > 0, y > 0 \\ 0, & \text{其他} \end{cases}$，则当 $y > 0$

时，$f_Y(y) = $ _____。

5. 设随机变量 (X, Y) 的概率密度为 $f(x, y) = \begin{cases} 4xy, & 0 < x < 1, 0 < y < 1 \\ 0, & \text{其他} \end{cases}$，则

$P\left\{0 < X < \dfrac{1}{2}, \dfrac{1}{4} < Y < 1\right\} = $ _____，$P\{X = Y\} = $ _____，$P\{X < Y\} = $ _____。

6. 设随机变量 (X, Y) 的概率密度为 $f(x, y) = \begin{cases} 1, & 0 < x < 1, 0 < y < 1 \\ 0, & \text{其他} \end{cases}$，则

$P\{X < 0.5, Y < 0.6\} = $ _____。

7. 设 X 与 Y 相互独立，其概率分布为

X	-1	1
P	$\dfrac{2}{5}$	α

Y	-1	1
P	β	$\dfrac{2}{3}$

则 $\alpha=$ _____ , $\beta=$ _____ , $P\{X=Y\}=$ _____ 。

8. 设 X 与 Y 相互独立，且 $X\sim N(-1,4)$，$Y\sim N(1,9)$，则 $Z=X+Y\sim$ _____ 。

三、计算题

1. 设 X 与 Y 相互独立，其概率分布为

X	0	1
P	$\dfrac{1}{4}$	$\dfrac{3}{4}$

Y	1	2
P	$\dfrac{2}{5}$	$\dfrac{3}{5}$

试求：

(1) (X,Y) 的分布律；

(2) $Z=XY$ 的分布律。

2. 设随机变量 X 与 Y 概率分布为

X	-1	0	1
P	$\dfrac{1}{4}$	$\dfrac{1}{2}$	$\dfrac{1}{4}$

Y	0	1
P	$\dfrac{1}{2}$	$\dfrac{1}{2}$

且 $P\{XY=0\}=1$。

(1) 求 (X,Y) 的联合分布律；

(2) X 与 Y 是否独立？为什么？

3. 设二维随机变量 (X,Y) 的分布律为

X \ Y	0	1	2
1	0.1	0.2	0.1
2	a	0.1	0.2

(1) 求 a 的值；

(2) 求 (X,Y) 的关于 X 与 Y 的边缘分布律；

(3) X 与 Y 是否独立？为什么？

(4) 求 $Z=X+Y$ 的分布律。

4. 设二维连续型随机变量 (X, Y) 的概率密度为

$$f(x, y) = \begin{cases} 2A\mathrm{e}^{-(x+y)}, & x > 0, y > 0 \\ 0, & \text{其他} \end{cases}$$

求：

(1) A 的值；

(2) (X, Y) 的分布函数 $F(X, Y)$；

(3) 概率 $P\{(X, Y) \in D\}$，其中 $D: x \geqslant 0, y \geqslant 0, x + y \leqslant 1$。

5. 设二维连续型随机变量 (X, Y) 的概率密度为

$$f(x, y) = \begin{cases} cxy, & 0 \leqslant x \leqslant 2, 0 \leqslant y \leqslant 2 \\ 0, & \text{其他} \end{cases}$$

(1) 求 c 的值；

(2) 求 (X, Y) 分别关于 X 与 Y 的边缘概率密度 $f_X(x)$、$f_Y(y)$；

(3) X 与 Y 是否独立？为什么？

(4) 求概率 $P\{X > 1, Y > 1\}$。

第四章　随机变量的数字特征

【本章导读】　前面讨论了随机变量的分布函数，我们知道分布函数全面描述了随机变量的统计特性，但是在实际问题中求分布函数并非易事，且往往无须全面考察随机变量的变化情况，而只要知道随机变量的某些特征就足够了。例如，在考察一个班级学生的学习成绩时，只要知道这个班级的平均成绩及其分散程度即可对该班的学习情况作出比较客观的评判。这样的平均值及表示分散程度的数字虽然不能完整地描述随机变量，但能更突出地描述随机变量在某些方面的重要特征，我们称其为随机变量的数字特征。本章将介绍随机变量的常用数字特征：数学期望、方差、协方差、相关系数等。

第一节　数学期望

在实际问题中，有时只需要随机变量取值的平均数及描述随机变量取值分散程度等一些特征数即可，这些特征数在一定程度上刻画出了随机变量的基本性态，而且可以用数理统计的方法来估计。

一、离散型随机变量的数学期望

定义 4-1　设离散型随机变量 X 的分布律为

$$P\{X=x_k\}=p_k \quad (k=1,2,\cdots)$$

如果级数 $\sum\limits_{k=1}^{+\infty} x_k p_k$ 绝对收敛，则称级数 $\sum\limits_{k=1}^{+\infty} x_k p_k$ 的和为随机变量 X 的数学期望，记为 $E(X)$，即

$$E(X)=\sum_{k=1}^{+\infty} x_k p_k = x_1 p_1 + x_2 p_2 + \cdots + x_k p_k + \cdots \tag{4-1}$$

当 $\sum\limits_{k=1}^{+\infty} x_k p_k$ 不绝对收敛时，称随机变量 X 的数学期望不存在。

数学期望简称为期望，又称为均值，它是表示随机变量一切可能取值集中位置的一个数字特征。数学期望 $E(X)$ 完全由随机变量 X 的概率分布所确定。

例 4-1　甲、乙两人进行射击训练，所得环数分别记为 X、Y，其分布律分别为

X	8	9	10
p_k	0	0.3	0.7

Y	8	9	10
p_k	0.2	0	0.8

试比较他们成绩的好坏。

解　分别计算 X 和 Y 的数学期望：

$$E(X) = 8 \times 0 + 9 \times 0.3 + 10 \times 0.7 = 9.7$$

$$E(Y) = 8 \times 0.2 + 9 \times 0 + 10 \times 0.8 = 9.6$$

这意味着，如果进行多次射击，甲所得环数的平均值为 9.7，而乙所得环数的平均值为 9.6，因此甲的成绩要好于乙。

几种离散型随机变量的期望如下：

1. 0-1 分布

设随机变量 X 服从 0-1 分布，其分布律如表 4-1 所示。其中 $0 < p < 1$，则 $E(X) = 0 \times (1-p) + 1 \times p = p$。

表 4-1　0-1 分布的分布律

X	0	1
P	$1-p$	p

2. 二项分布

设随机变量 X 服从二项分布 $B(n, p)$，即

$$P\{X = k\} = C_n^k p^k (1-p)^{n-k} \quad (k = 0, 1, 2, \cdots, n)$$

则

$$
\begin{aligned}
E(X) &= \sum_{k=0}^{n} k P\{X = k\} = \sum_{k=0}^{n} k C_n^k p^k (1-p)^{n-k} \\
&= \sum_{k=1}^{n} k \frac{n!}{k!(n-k)!} p^k (1-p)^{n-k} \\
&= n \sum_{k=1}^{n} \frac{(n-1)!}{(k-1)!(n-k)!} p^k (1-p)^{n-k} \\
&= np \sum_{m=0}^{n-1} \frac{(n-1)!}{m![(n-1)-m]} p^m (1-p)^{(n-1)-m} \\
&= np
\end{aligned}
$$

即 $E(X) = np$。

3. 泊松分布

设随机变量 X 服从参数为 λ 的泊松分布 $P(\lambda)$，其分布律为

$$P\{X=k\}=\frac{\lambda^k \mathrm{e}^{-\lambda}}{k!} \quad (k=0,1,2,\cdots,\lambda>0)$$

则

$$E(X)=\sum_{k=0}^{+\infty} kP\{X=k\}=\sum_{k=1}^{+\infty} k\frac{\lambda^k}{k!}\mathrm{e}^{-\lambda}=\mathrm{e}^{-\lambda}\lambda\sum_{k=1}^{+\infty}\frac{\lambda^{k-1}}{(k-1)!}=\mathrm{e}^{-\lambda}\lambda\,\mathrm{e}^{\lambda}=\lambda$$

即 $E(X)=\lambda$。

二、连续型随机变量的数学期望

定义 4-2　设连续型随机变量 X 的概率密度为 $f(x)$，若反常积分 $\int_{-\infty}^{+\infty} xf(x)\mathrm{d}x$ 绝对收敛，即 $\int_{-\infty}^{+\infty} |x|f(x)\mathrm{d}x$ 收敛，则称积分 $\int_{-\infty}^{+\infty} xf(x)\mathrm{d}x$ 的值为随机变量 X 的数学期望，记为 $E(X)$，即

$$E(x)=\int_{-\infty}^{+\infty} xf(x)\mathrm{d}x \tag{4-2}$$

若 $\int_{-\infty}^{+\infty} xf(x)\mathrm{d}x$ 不绝对收敛，则称随机变量 X 的数学期望不存在。

例 4-2　设随机变量 X 的概率密度为

$$f(x)=\begin{cases} 2x, & 0<x<1 \\ 0, & \text{其他} \end{cases}$$

求 $E(X)$。

解　$E(X)=\int_{-\infty}^{+\infty} xf(x)\mathrm{d}x=\int_{-\infty}^{0} xf(x)\mathrm{d}x+\int_{0}^{1} xf(x)\mathrm{d}x+\int_{1}^{+\infty} xf(x)\mathrm{d}x$

$=\int_{0}^{1} x\cdot 2x\,\mathrm{d}x=\int_{0}^{1} 2x^2\,\mathrm{d}x=\frac{2}{3}x^3\Big|_{0}^{1}=\frac{2}{3}$

几种常用的连续型随机变量的期望如下：

1. 均匀分布

设随机变量 $X\sim U(a,b)$，其概率密度为

$$f(x)=\begin{cases} \dfrac{1}{b-a}, & a<x<b \\ 0, & \text{其他} \end{cases}$$

则

$$E(X)=\int_{-\infty}^{+\infty} xf(x)\,\mathrm{d}x=\int_{a}^{b}\frac{x}{b-a}\mathrm{d}x=\frac{a+b}{2}$$

即数学期望位于区间 (a,b) 的中点。

2. 指数分布

设连续型随机变量 X 服从参数为 λ 的指数分布 $E(\lambda)$，其概率密度为

$$f(x) = \begin{cases} \lambda e^{-\lambda x}, & x > 0 \\ 0, & x \leqslant 0 \end{cases} \quad (\lambda > 0 \text{ 为常数})$$

则

$$E(X) = \int_{-\infty}^{+\infty} x f(x) \, \mathrm{d}x = \int_{0}^{+\infty} x \lambda e^{-\lambda x} \, \mathrm{d}x = \frac{1}{\lambda} \int_{0}^{+\infty} \lambda x e^{-\lambda x} \, \mathrm{d}(\lambda x) = \frac{1}{\lambda}$$

即 $E(X) = \dfrac{1}{\lambda}$。

3. 正态分布

设连续型随机变量 X 服从参数为 μ、$\sigma(\sigma > 0)$ 的正态分布 $N(\mu, \sigma^2)$，其概率密度为

$$f(x) = \frac{1}{\sqrt{2\pi}\sigma} e^{-\frac{(x-\mu)^2}{2\sigma^2}} \quad (-\infty < x < +\infty)$$

则

$$E(X) = \frac{1}{\sqrt{2\pi}\sigma} \int_{-\infty}^{+\infty} x e^{-\frac{(x-\mu)^2}{2\sigma^2}} \, \mathrm{d}x \xlongequal{t = \frac{x-\mu}{\sigma}} \frac{1}{\sqrt{2\pi}} \int_{-\infty}^{+\infty} (\mu + \sigma t) e^{-\frac{t^2}{2}} \, \mathrm{d}t$$

$$= \mu + \frac{1}{\sqrt{2\pi}} \int_{-\infty}^{+\infty} \sigma t e^{-\frac{t^2}{2}} \, \mathrm{d}t = \mu$$

即 $E(X) = \mu$。

三、随机变量函数的数学期望

定理 4-1　设 $g(x)$ 是连续函数，Y 是随机变量 X 的函数：$Y = g(X)$。

（1）如果 X 是离散型随机变量，其分布律为

$$P\{X = x_k\} = p_k \quad (k = 1, 2, \cdots)$$

若级数 $\sum\limits_{k=1}^{+\infty} g(x_k) p_k$ 绝对收敛，则有

$$E(Y) = E[g(X)] = \sum_{k=1}^{+\infty} g(x_k) p_k \tag{4-3}$$

（2）如果 X 是连续型随机变量，其概率密度为 $f(x)$，若反常积分 $\int_{-\infty}^{+\infty} g(x) f(x) \mathrm{d}x$ 绝对收敛，则有

$$E(Y) = E[g(X)] = \int_{-\infty}^{+\infty} g(x) f(x) \, \mathrm{d}x \tag{4-4}$$

例 4-3　设随机变量 X 的分布律为

X	-2	-1	0	1
p_k	0.2	0.3	0.1	0.4

求 $E(X^2)$、$E(2X+1)$。

解　$E(X^2)=(-2)^2\times0.2+(-1)^2\times0.3+0^2\times0.1+1^2\times0.4=1.5$

$E(2X+1)=[2\times(-2)+1]\times0.2+[2\times(-1)+1]\times0.3+$

$\qquad\qquad\quad(2\times0+1)\times0.1+(2\times1+1)\times0.4$

$\qquad\qquad=0.4$

例 4-4　设风速 V 在 $(0,a)$ 上服从均匀分布,即具有概率密度

$$f(v)=\begin{cases}\dfrac{1}{a}, & 0<v<a \\ 0, & 其他\end{cases}$$

又设飞机机翼受到的正压力 W 是 V 的函数:$W=kV^2(k>0$ 且为常数),求 $E(W)$。

解　$E(W)=\displaystyle\int_{-\infty}^{+\infty}kv^2f(v)\mathrm{d}v=\int_0^a kv^2\dfrac{1}{a}\mathrm{d}v=\dfrac{1}{3}ka^2$

四、数学期望的性质

设随机变量 X、Y 的数学期望 $E(X)$、$E(Y)$ 存在,C 为常数,则有如下性质:

性质 1　$E(C)=C$。

性质 2　$E(CX)=CE(X)$。

性质 3　$E(X+Y)=E(X)+E(Y)$。

此性质可推广到任意有限个随机变量之和的情况,即

$$E(X_1+X_2+\cdots+X_n)=E(X_1)+E(X_2)+\cdots+E(X_n)$$

性质 4　当 X、Y 相互独立时,有 $E(XY)=E(X)E(Y)$。

此性质可推广到任意有限个相互独立的随机变量之积的情况,即

$$E(X_1X_2\cdots X_n)=E(X_1)E(X_2)\cdots E(X_n)$$

例 4-5　设一电路中电流 $I(\mathrm{A})$ 与电阻 $R(\Omega)$ 是两个相互独立的随机变量,其概率密度分别为

$$g(i)=\begin{cases}2i, & 0\leqslant i\leqslant1 \\ 0, & 其他\end{cases}, \qquad h(r)=\begin{cases}\dfrac{r^2}{9}, & 0\leqslant r\leqslant3 \\ 0, & 其他\end{cases}$$

试求电压 $V=IR$ 的期望。

解　$E(V)=E(IR)=E(I)E(R)=\left[\displaystyle\int_{-\infty}^{+\infty}ig(i)\mathrm{d}i\right]\left[\int_{-\infty}^{+\infty}rh(r)\mathrm{d}r\right]$

$\qquad\qquad=\left(\displaystyle\int_0^1 2i^2\mathrm{d}i\right)\left(\int_0^3\dfrac{r^3}{9}\mathrm{d}r\right)=\dfrac{3}{2}\ \mathrm{V}$

第二节　方　差

一、方差的概念

引例　甲、乙两人进行射击训练，所得环数分别记为 X、Y，其分布律分别为

X	8	9	10
p_k	0.2	0.6	0.2

Y	8	9	10
p_k	0.1	0.8	0.1

试比较他们成绩的好坏。

分析　先分别计算 X 和 Y 的数学期望：

$$E(X) = 8 \times 0.2 + 9 \times 0.6 + 10 \times 0.2 = 9$$
$$E(Y) = 8 \times 0.1 + 9 \times 0.8 + 10 \times 0.1 = 9$$

这意味着，从均值的角度是分不出谁的射击技术更高，因此还需考虑其他因素。通常的想法是在射击的平均环数相等的条件下，进一步衡量谁的射击技术更稳定些，也就是看谁命中的环数比较集中于平均值附近。通常人们会采用命中的环数 X 与它的平均值 $E(X)$ 之间的离差 $|X-E(X)|$ 的均值 $E\{|X-E(X)|\}$ 来度量。$E\{|X-E(X)|\}$ 愈小，表明 X 的值愈集中于 $E(X)$ 的附近，即技术稳定；反之，表明技术不稳定。但由于 $E\{|X-E(X)|\}$ 带有绝对值，运算不便，因此通常采用 X 与 $E(X)$ 的离差的平方均值 $E\{[X-E(X)]\}^2$ 来度量随机变量取值的分散程度。此例中，$E\{[X-E(X)]^2\}=0.4$，$E\{Y-E(Y)^2\}=0.2$，由此可见，射手乙的技术更稳定些。

定义 4-3　设 X 是一个随机变量，若数学期望 $E\{[X-E(X)]^2\}$ 存在，则称 $E\{[X-E(X)]^2\}$ 为随机变量 X 的方差，记为 $D(X)$ 或 $\mathrm{Var}(X)$，即

$$D(X) = \mathrm{Var}(X) = E\{[X-E(X)]^2\} \tag{4-5}$$

在应用上还引入量 $\sqrt{D(X)}$，称为标准差或均方差，记为 $\sigma(X)$。

由定义 4-3 可知，随机变量 X 的方差表达了 X 的取值与其数学期望的偏离程度。若 $D(X)$ 较小，则 X 的取值比较集中；若 $D(X)$ 较大，则 X 的取值比较分散。因此，$D(X)$ 是反映随机变量 X 取值分散程度的一个数字特征。

由定义 4-3 可知，方差实际上就是随机变量 X 的函数 $g(X)=[X-E(X)]^2$ 的数学

期望。于是对于离散型随机变量 X，其分布律为 $P\{X=x_k\}=p_k$，$k=1,2,\cdots$，有

$$D(X)=\sum_{k=1}^{+\infty}[x_k-E(X)]^2 p_k \qquad (4-6)$$

对于连续型随机变量 X，其概率密度为 $f(x)$，有

$$D(X)=\int_{-\infty}^{+\infty}[X-E(X)]^2 f(x)\mathrm{d}x \qquad (4-7)$$

由数学期望的性质，有

$$D(X)=E\{[X-E(X)]^2\}=E\{X^2-2X\cdot E(X)+[E(X)]^2\}$$
$$=E(X^2)-2E(X)\cdot E(X)+[E(X)]^2$$
$$=E(X^2)-[E(X)]^2$$

这样，我们得到了计算方差的一个重要公式：

$$D(X)=E(X^2)-[E(X)]^2 \qquad (4-8)$$

例 4-6 设连续型随机变量 X 的分布函数为

$$f(x)=\begin{cases}1+x, & -1\leqslant x<0 \\ 1-x, & 0\leqslant x<1 \\ 0, & 其他\end{cases}$$

求 $D(X)$。

解 因为

$$E(X)=\int_{-1}^0 xf(x)\mathrm{d}x+\int_0^1 xf(x)\mathrm{d}x=\int_{-1}^0 x(1+x)\mathrm{d}x+\int_0^1 x(1-x)\mathrm{d}x=0$$

$$E(X^2)=\int_{-1}^0 x^2 f(x)\mathrm{d}x+\int_0^1 x^2 f(x)\mathrm{d}x=\int_{-1}^0 x^2(1+x)\mathrm{d}x+\int_0^1 x^2(1-x)\mathrm{d}x=\frac{1}{6}$$

所以

$$D(X)=E(X^2)-[E(X)]^2=\frac{1}{6}$$

二、方差的性质

设随机变量 X、Y 的方差 $D(X)$、$D(Y)$ 都存在，C 为常数，则有如下性质：

性质 1 $D(C)=0$。

性质 2 $D(CX)=C^2 D(X)$。

性质 3 当 X 与 Y 相互独立时，有

$$D(X\pm Y)=D(X)+D(Y)$$

当 X 与 Y 不相互独立时，有

$$D(X\pm Y)=D(X)+D(Y)\pm 2E\{[X-E(X)][Y-E(Y)]\}$$

证明 由于

$$D(X \pm Y) = E\{[(X \pm Y) - E(X \pm Y)]^2\} = E\{[(X - E(X)) \pm (Y - E(Y))]^2\}$$
$$= E\{[X - E(X)]^2\} \pm 2E\{[X - E(X)][Y - E(Y)]\} + E\{[Y - E(Y)]^2\}$$
$$= D(X) + D(Y) \pm 2E\{[X - E(X)][Y - E(Y)]\}$$

当 X 与 Y 相互独立时，$X - E(X)$ 与 $Y - E(Y)$ 也相互独立，由数学期望的性质，有

$$E\{[X - E(X)][Y - E(Y)]\} = E[X - E(X)] \cdot E[Y - E(Y)] = 0$$

因此

$$D(X \pm Y) = D(X) + D(Y)$$

此性质可以推广到任意有限多个相互独立的随机变量之和的情况，即

$$D(X_1 + X_2 + \cdots + X_n) = D(X_1) + D(X_2) + \cdots + D(X_n)$$

性质 4　$D(X) = 0$ 的充分必要条件是 X 以概率 1 取常数 C，即 $P\{X = C\} = 1$，其中 $C = E(X)$。

例 4-7　设随机变量 X 服从 $0-1$ 分布，其分布律为

$$P\{X = 0\} = 1 - p = q, \ P\{X = 1\} = p \quad (p + q = 1)$$

求 $D(X)$。

解　因为

$$E(X) = 0 \cdot (1 - p) + 1 \cdot p = p$$
$$E(X^2) = 0^2 \cdot (1 - p) + 1^2 \cdot p = p$$

所以

$$D(X) = E(X^2) - [E(X)]^2 = p - p^2 = p(1 - p) = pq$$

例 4-8　设随机变量 $X \sim U(a, b)$，求 $D(X)$。

解　X 的概率密度为

$$f(x) = \begin{cases} \dfrac{1}{b - a}, & a < x < b \\ 0, & \text{其他} \end{cases}$$

由本章第一节知 $E(X) = \dfrac{a + b}{2}$，又

$$E(X^2) = \int_{-\infty}^{+\infty} x^2 f(x) \mathrm{d}x = \int_a^b \frac{x^2}{b - a} \mathrm{d}x = \frac{b^2 + ab + a^2}{3}$$

故

$$D(X) = E(X^2) - [E(X)]^2 = \frac{b^2 + ab + a^2}{3} - \left(\frac{a + b}{2}\right)^2 = \frac{(b - a)^2}{12}$$

三、常用分布的期望和方差

六种常见分布的期望和方差的结果归纳见表 $4-2$。

表 4 - 2　六种常见分布的期望和方差

分　布	$E(X)$	$D(X)$
0 - 1 分布：$X \sim (0, 1)$	p	$p(1-p) = pq$
二项分布：$X \sim B(n, p)$	np	$np(1-p) = npq$
泊松分布：$X \sim P(\lambda)$	λ	λ
均匀分布：$X \sim U(a, b)$	$\dfrac{a+b}{2}$	$\dfrac{(b-a)^2}{12}$
指数分布：$X \sim E(\lambda)$	$\dfrac{1}{\lambda}$	$\dfrac{1}{\lambda^2}$
正态分布：$X \sim N(\mu, \sigma^2)$	μ	σ^2

第三节　协方差与相关系数

对于二维随机变量 (X, Y)，数学期望 $E(X)$、$E(Y)$ 只反映 X 和 Y 各自的平均值，而方差 $D(X)$、$D(Y)$ 反映的是 X 和 Y 各自偏离平均值的程度，它们都没有反映 X 和 Y 之间的关系。在实际问题中，每对随机变量往往相互影响、相互联系，如人的年龄与身高，某种产品的产量与价格等。随机变量的这种相互联系称为相关关系。这也是一类重要的数字特征，本节讨论有关这方面的数字特征。

一、协方差

定义 4 - 4　设 (X, Y) 是一个二维随机变量，且数学期望 $E(X)$、$E(Y)$ 存在，如果
$$E\{[X-E(X)][Y-E(Y)]\}$$
存在，则称此值为 X 和 Y 的协方差，记为 $\mathrm{Cov}(X, Y)$，即
$$\mathrm{Cov}(X, Y) = E\{[X-E(X)][Y-E(Y)]\}$$

协方差的计算公式为
$$\mathrm{Cov}(X, Y) = E(XY) - E(X)E(Y)$$

证明　$\mathrm{Cov}(X, Y) = E[XY - XE(Y) - YE(X) + E(X)E(Y)]$
$$= E(XY) - E(X)E(Y) - E(Y)E(X) + E(X)E(Y)$$
$$= E(XY) - E(X)E(Y)$$

特别地，当 $X = Y$ 时，有
$$\mathrm{Cov}(X, Y) = E\{[X-E(X)][Y-E(Y)]\} = D(X)$$

例 4 - 9　设二维离散型随机变量 (X, Y) 的联合分布律为

Y \ X	−1	0	1
0	0.07	0.18	0.15
1	0.08	0.32	0.2

求 $\text{Cov}(X, Y)$。

解　X 和 Y 的分布律分别为

X	−1	0	1
P	0.15	0.5	0.35

Y	0	1
P	0.4	0.6

所以

$$E(XY) = (-1) \times 1 \times 0.08 + 1 \times 1 \times 0.2 = 0.12$$

$$E(X) = (-1) \times 0.15 + 1 \times 0.35 = 0.2$$

$$E(Y) = 1 \times 0.6 = 0.6$$

从而

$$\text{Cov}(X, Y) = E(XY) - E(X)E(Y) = 0.12 - 0.2 \times 0.6 = 0$$

例 4 - 10　设二维连续型随机变量 (X, Y) 的概率密度为

$$f(x, y) = \begin{cases} \dfrac{1}{2}, & 0 \leqslant x \leqslant 1, 0 \leqslant y \leqslant 2 \\ 0, & \text{其他} \end{cases}$$

求 $\text{Cov}(X, Y)$。

解　因为

$$E(X) = \int_0^1 \int_0^2 \frac{1}{2} x \, \mathrm{d}y \, \mathrm{d}x = \int_0^1 x \, \mathrm{d}x = \frac{1}{2}$$

$$E(Y) = \int_0^1 \int_0^2 \frac{1}{2} x \, \mathrm{d}y \, \mathrm{d}x = \int_0^1 1 \mathrm{d}x = 1$$

$$E(XY) = \int_0^1 \int_0^2 \frac{1}{2} x y \, \mathrm{d}y \, \mathrm{d}x = \int_0^1 x \, \mathrm{d}x = \frac{1}{2}$$

所以

$$\text{Cov}(X, Y) = E(XY) - E(X)E(Y) = \frac{1}{2} - \frac{1}{2} \times 1 = 0$$

协方差具有下列性质：

性质 1　$\mathrm{Cov}(X,Y)=\mathrm{Cov}(Y,X)$。

性质 2　$\mathrm{Cov}(aX,bY)=ab\mathrm{Cov}(Y,X)$，其中 a、b 为任意常数。

性质 3　$\mathrm{Cov}(X_1+X_2,Y)=\mathrm{Cov}(X_1,Y)+\mathrm{Cov}(X_2,Y)$。

性质 4　设 X 与 Y 相互独立，则有 $\mathrm{Cov}(X,Y)=0$。

二、相关系数

定义 4-5　若 $D(X)>0$，$D(Y)>0$，则称 $\dfrac{\mathrm{Cov}(X,Y)}{\sqrt{D(X)}\sqrt{D(Y)}}$ 为 X 和 Y 的相关系数，记为 ρ_{XY}，即

$$\rho_{XY}=\frac{\mathrm{Cov}(X,Y)}{\sqrt{D(X)}\sqrt{D(Y)}}$$

例 4-11　设二维离散型随机变量 (X,Y) 的联合分布律为

X＼Y	−1	0	1
−1	$\frac{1}{8}$	$\frac{1}{8}$	$\frac{1}{8}$
0	$\frac{1}{8}$	0	$\frac{1}{8}$
1	$\frac{1}{8}$	$\frac{1}{8}$	$\frac{1}{8}$

求：

(1) X 的边缘分布律；

(2) Y 的边缘分布律；

(3) $E(X)$、$E(X^2)$、$D(X)$；

(4) $E(Y)$、$E(Y^2)$、$D(Y)$；

(5) $E(XY)$；

(6) $\mathrm{Cov}(X,Y)$；

(7) ρ_{XY}；

(8) 讨论 X、Y 的独立性。

解　(1) X 的边缘分布律为

X	−1	0	1
P	$\frac{3}{8}$	$\frac{1}{4}$	$\frac{3}{8}$

（2）Y 的边缘分布律为

Y	-1	0	1
P	$\dfrac{3}{8}$	$\dfrac{1}{4}$	$\dfrac{3}{8}$

（3）
$$E(X)=(-1)\times\frac{3}{8}+0\times\frac{1}{4}+1\times\frac{3}{8}=0$$

$$E(X^2)=(-1)^2\times\frac{3}{8}+0^2\times\frac{1}{4}+1^2\times\frac{3}{8}=\frac{3}{4}$$

$$D(X)=E(X^2)-[E(X)]^2=\frac{3}{4}$$

（4）
$$E(Y)=(-1)\times\frac{3}{8}+0\times\frac{1}{4}+1\times\frac{3}{8}=0$$

$$E(Y^2)=(-1)^2\times\frac{3}{8}+0^2\times\frac{1}{4}+1^2\times\frac{3}{8}=\frac{3}{4}$$

$$D(Y)=E(Y^2)-[E(Y)]^2=\frac{3}{4}$$

（5）$E(XY)=(-1)\times(-1)\times\dfrac{1}{8}+(-1)\times0\times\dfrac{1}{8}+(-1)\times1\times\dfrac{1}{8}+0\times(-1)\times\dfrac{1}{8}+$

$$0\times0\times0+0\times1\times\frac{1}{8}+1\times(-1)\times\frac{1}{8}+1\times0\times\frac{1}{8}+1\times1\times\frac{1}{8}$$

$$=0$$

（6）
$$\mathrm{Cov}(X,Y)=E(XY)-E(X)E(Y)=0$$

（7）
$$\rho_{XY}=\frac{\mathrm{Cov}(X,Y)}{\sqrt{D(X)}\sqrt{D(Y)}}=0$$

（8）因为
$$P\{X=1,Y=1\}=\frac{1}{8}\neq P\{X=1\}P\{Y=1\}=\frac{3}{8}\times\frac{3}{8}=\frac{9}{64}$$

所以 X、Y 不独立。

定理 4-2　若 X、Y 独立，则 X、Y 不相关。

证明　若 X、Y 独立，则有
$$E(XY)=E(X)E(Y)$$

从而
$$\mathrm{Cov}(X,Y)=E(XY)-E(X)E(Y)=0$$

所以 $\rho_{XY}=\dfrac{\mathrm{Cov}(X,Y)}{\sqrt{D(X)}\sqrt{D(Y)}}=0$，即 X、Y 不相关。

定理 4-2 说明，X、Y 独立是 X、Y 不相关的充分条件，反之不一定成立。例如例 4-11中，X、Y 既不相关，也不独立。

例 4-12　设二维随机变量 $(X，Y)$ 的概率密度为

$$f(x，y)=\begin{cases}8xy，& 0\leqslant y\leqslant x，0\leqslant x\leqslant1\\0，& 其他\end{cases}$$

求：

(1) $E(X)$、$D(X)$；

(2) $E(Y)$、$D(Y)$；

(3) $\text{Cov}(X，Y)$、ρ_{XY}。

解　(1) 由 $f(x，y)$ 知，当 $0\leqslant x\leqslant1$ 时，

$$f_X(x)=\int_{-\infty}^{+\infty}f(x，y)\,\mathrm{d}y=\int_0^x8xy\,\mathrm{d}y=4x^3$$

当 $x<0$ 或 $x>1$ 时，

$$f_X(x)=\int_{-\infty}^{+\infty}f(x，y)\,\mathrm{d}y=0$$

从而 X 的概率密度为

$$f_X(x)=\begin{cases}4x^3，& 0\leqslant x\leqslant1\\0，& 其他\end{cases}$$

当 $0\leqslant y\leqslant1$ 时，

$$f_Y(x)=\int_{-\infty}^{+\infty}f(x，y)\,\mathrm{d}x=\int_y^18xy\,\mathrm{d}x=4y(1-y^2)$$

当 $y<0$ 或 $y>1$ 时，

$$f_Y(x)=\int_{-\infty}^{+\infty}f(x，y)\,\mathrm{d}x=0$$

从而 Y 的概率密度为

$$f_Y(x)=\begin{cases}4y(1-y^2)，& 0\leqslant y\leqslant1\\0，& 其他\end{cases}$$

因此

$$E(X)=\int_0^1x4x^3\,\mathrm{d}x=\frac{4}{5}，\ E(X^2)=\int_0^1x^24x^3\,\mathrm{d}x=\frac{2}{3}$$

$$D(X)=E(X^2)-[E(X)]^2=\frac{2}{75}$$

(2)　$E(Y)=\int_0^14y^2(1-y^2)\,\mathrm{d}y=\frac{8}{15}，\ E(Y^2)=\int_0^14y^3(1-y^2)\,\mathrm{d}y=\frac{1}{3}$

$$D(Y)=E(Y^2)-[E(Y)]^2=\frac{11}{225}$$

（3）因为

$$E(XY) = \int_0^1 \int_0^x xy \cdot 8xy \, \mathrm{d}y \, \mathrm{d}x = \frac{4}{9}$$

所以

$$\mathrm{Cov}(X, Y) = E(XY) - E(X)E(Y) = \frac{4}{9} - \frac{4}{5} \times \frac{8}{15} = \frac{4}{225}$$

$$\rho_{XY} = \frac{\mathrm{Cov}(X, Y)}{\sqrt{D(X)} \sqrt{D(Y)}} = \frac{2\sqrt{66}}{33}$$

本 章 小 结

1. 随机变量的期望的定义、计算公式及性质

（1）随机变量的数学期望：

① 离散型：$E(X) = \sum_{k=1}^{+\infty} x_k p_k = x_1 p_1 + x_2 p_2 + \cdots + x_k p_k + \cdots$。

② 连续型：$E(x) = \int_{-\infty}^{+\infty} x f(x) \mathrm{d}x$。

（2）随机变量函数的数学期望：

① 离散型：$E(Y) = E[g(X)] = \sum_{k=1}^{+\infty} g(x_k) p_k$；

② 连续型：$E(Y) = E[g(X)] = \int_{-\infty}^{+\infty} g(x) f(x) \mathrm{d}x$。

（3）数学期望的性质：

① $E(C) = C$；

② $E(CX) = CE(X)$；

③ $E(X \pm Y) = E(X) \pm E(Y)$；

④ 当 X、Y 相互独立时，有 $E(XY) = E(X)E(Y)$。

2. 随机变量的方差的定义、计算公式及性质

（1）方差的定义：$D(X) = E\{[X - E(X)]^2\}$。

当 X 是离散型随机变量时，$D(X) = \sum_{k=1}^{+\infty} [x_k - E(X)]^2 p_k$；

当 X 是连续型随机变量时，$D(X) = \int_{-\infty}^{+\infty} [X - E(X)]^2 f(x) \mathrm{d}x$。

（2）方差的计算公式：$D(X) = E(X^2) - [E(X)]^2$。

（3）方差的性质：

① $D(C)=0$；

② $D(CX)=C^2D(X)$；

③ $D(X\pm Y)=D(X)+D(Y)\pm 2E\{[X-E(X)][Y-E(Y)]\}$。

当 X 与 Y 相互独立时，有 $D(X\pm Y)=D(X)+D(Y)$。

3. 随机变量的协方差与相关系数的定义、计算公式

（1）协方差的定义：$\mathrm{Cov}(X，Y)=E\{[X-E(X)][Y-E(Y)]\}$。

（2）协方差的计算公式：$\mathrm{Cov}(X，Y)=E(XY)-E(X)E(Y)$。

（3）相关系数的定义：$\rho_{XY}=\dfrac{\mathrm{Cov}(X，Y)}{\sqrt{D(X)}\sqrt{D(Y)}}$。

（4）定理：若 X、Y 独立，则 X、Y 不相关。

【阅读材料】

概率论中重要的概念——数学期望

1494 年意大利数学家帕西奥尼（1445—1509 年）出版了一本有关算术技术的书，书中叙述了这样一个问题：在一场赌博中，某一方先胜 6 局便算赢家。在一次比赛中，甲方胜了 4 局，乙方胜了 3 局，因出现意外，赌局不得不被中断，此时，赌金应该如何分配？

帕西奥尼的答案是：应当按照 4：3 的比例把赌金分给双方。当时，许多人都认为帕西奥尼的分法不是那么公平合理，因为已胜了 4 局的甲方只要再胜 2 局就可以拿走全部的赌金，而乙方则需要胜 3 局，并且至少有 2 局必须连胜，难度比甲大得多。但是，人们又找不到更好的解决方法。

在这以后的 100 多年中，先后有多位数学家研究过这个问题，但均未得出正确的答案。1654 年，法国赌徒默勒以自己的亲身经历向数学家帕斯卡请教"赌金分配问题"，从而引起了这位数学家的兴趣。从此帕斯卡深入研究，并与费马频频通信，他们分别用自己的方法独立而又正确地解决了这个问题。

费马的解法：如果继续赌局，最多只要再赌 4 局便可决出胜负，如果用"甲"表示甲方胜，用"乙"表示乙方胜，那么最后 4 局的结果只有如图 4-1 所示的 16 种排列。在这 16 种情形中，甲只需再胜 2 局便可赢得比赛的情形有 11 种，而乙需要赢得 3 局才能赢得比赛的情形只有 5 种。所以赌金应该按照 11：5 的比例分配。

甲胜		乙胜
甲甲甲甲	甲甲乙乙	甲乙乙乙
甲甲甲乙	甲乙甲乙	乙甲乙乙
甲甲乙甲	乙乙乙甲	乙乙甲乙
甲乙甲甲	乙乙甲甲	乙乙乙甲
乙甲甲甲	乙甲乙甲	乙乙乙乙
乙甲甲乙		

图 4-1

帕斯卡的解法：利用了他的"黄金三角形"，欧洲人常称之为"帕斯卡三角形"（如图4－2所示）。

```
1
1   1
1   2   1
1   3   3   1
1   4   6   4   1
1   5  10  10   5   1
...
```

图 4－2

帕斯卡利用这个三角形求从 n 件物品中一次取出 r 件的组合数。由图4－2可知，三角形第五行上的数恰好是"赌金分配问题"，其中1是甲出现4次的组合数，4是甲出现3次的组合数，等等。因此赌金应按照 11∶5 的比例分配，这与费马得到的结果是完全一致的。

帕斯卡和费马以"赌金分配问题"开始的通信形式的讨论中形成了概率论当中一个重要的概念——数学期望，开创了概率论研究的先河。数学史家一般认为，正是这两位法国人的通信，奠定了概率论这一数学分支的基础。

后来荷兰数学家惠更斯(1629－1695年)也参加了这场讨论，并写出了关于概率论的第一篇正式论文《赌博中的推理》。帕斯卡、费马、惠更斯一起被誉为概率论的创始人。时至今日，概率论已经在各行各业中得到了广泛的应用，发展成为一门极其重要的数学学科。

习 题 四

一、选择题

1. 设 X 服从参数为2的泊松分布，则下列结论正确的是(　　)。

A. $E(X)=0.5, D(X)=0.5$　　　　　　B. $E(X)=0.5, D(X)=0.25$

C. $E(X)=2, D(X)=4$　　　　　　　　D. $E(X)=2, D(X)=2$

2. 设 X 服从参数为2的指数分布，则下列结论正确的是(　　)。

A. $E(X)=0.5, D(X)=0.5$　　　　　　B. $E(X)=0.5, D(X)=0.25$

C. $E(X)=2, D(X)=4$　　　　　　　　D. $E(X)=2, D(X)=2$

3. 设 X 服从参数为 $\frac{1}{2}$ 的指数分布，则 $E(X)=$(　　)。

A. 0.25　　　　　　B. 0.5　　　　　　C. 2　　　　　　D. 4

4. 设 X 服从二项分布 $B\left(10, \dfrac{1}{3}\right)$，则 $\dfrac{D(X)}{E(X)} = ($ 　　$)$。

　　A. $\dfrac{1}{3}$ 　　　　　　B. $\dfrac{2}{3}$ 　　　　　　C. 1 　　　　　　D. $\dfrac{10}{3}$

5. 设 X 的分布函数为 $F(x) = \begin{cases} 0, & x < 2 \\ \dfrac{x}{2} - 1, & 2 \leqslant x < 4 \\ 1, & x \geqslant 4 \end{cases}$，则 $E(X) = ($ 　　$)$。

　　A. $\dfrac{1}{3}$ 　　　　　　B. $\dfrac{1}{2}$ 　　　　　　C. $\dfrac{3}{2}$ 　　　　　　D. 3

6. 设 X 的分布函数为 $F(x) = \begin{cases} 1 - \mathrm{e}^{-2x}, & x > 0 \\ 0, & \text{其他} \end{cases}$，则 $E(X)$ 和 $D(X)$ 分别为 $($ 　　$)$。

　　A. $E(X) = 0.25, D(X) = 0.5$ 　　　　　　B. $E(X) = 0.5, D(X) = 0.25$

　　C. $E(X) = 2, D(X) = 4$ 　　　　　　D. $E(X) = 4, D(X) = 2$

7. 已知 X 的分布律为

X	-2	1	x
P	$\dfrac{1}{4}$	p	$\dfrac{1}{4}$

且 $E(X) = 1$，则常数 $x = ($ 　　$)$。

　　A. 2 　　　　　　B. 4 　　　　　　C. 6 　　　　　　D. 8

8. 设 X、Y 是任意两个随机变量，C 为常数，则下列各式正确的是 $($ 　　$)$。

　　A. $D(X+Y) = D(X) + D(Y)$ 　　　　　　B. $D(X+C) = D(X) + C$

　　C. $D(X-Y) = D(X) - D(Y)$ 　　　　　　D. $D(X-C) = D(X)$

9. 设 X 是任意随机变量，且 X 服从正态分布 $N(1, 3^2)$，则下列各式不成立的是 $($ 　　$)$。

　　A. $E(X) = 1$ 　　　　　　B. $D(X) = 3$

　　C. $P\{X = 1\} = 0$ 　　　　　　D. $P\{X = 1\} = 0.5$

10. 设二维随机变量 (X, Y) 的分布律为

X＼Y	0	1
0	$\dfrac{1}{3}$	$\dfrac{1}{3}$
1	$\dfrac{1}{3}$	0

则 $E(XY) = ($ 　　$)$。

　　A. $-\dfrac{1}{9}$ 　　　　　　B. 0 　　　　　　C. $\dfrac{1}{9}$ 　　　　　　D. $\dfrac{1}{3}$

11. 设 X、Y 是任意两个随机变量且相互独立，若 X 服从二项分布 $B\left(36, \frac{1}{6}\right)$，$Y$ 服从二项分布 $B\left(12, \frac{1}{3}\right)$，则 $D(X-Y+1)=($ $)$。

    A. $\frac{4}{3}$ B. $\frac{7}{3}$ C. $\frac{23}{3}$ D. $\frac{26}{3}$

12. 已知 $D(X)=4$，$D(Y)=25$，$\mathrm{Cov}(X, Y)=4$，则 $\rho_{XY}=($ $)$。

    A. 0.004   B. 0.04   C. 0.4   D. 4

13. 设二维随机变量 (X, Y) 的协方差 $\mathrm{Cov}(X, Y)=\frac{1}{6}$，且 $D(X)=4$，$D(Y)=9$，则 X 与 Y 的相关系数 $\rho_{XY}=($ $)$。

    A. $\frac{1}{216}$ B. $\frac{1}{36}$ C. $\frac{1}{6}$ D. 1

14. 设 X、Y 是任意两个随机变量，且 X 服从二项分布 $B\left(10, \frac{1}{2}\right)$，$Y$ 服从正态分布 $N(2, 10)$，$E(XY)=14$，则 X 与 Y 的相关系数 $\rho_{XY}=($ $)$。

    A. -0.8 B. -0.16 C. 0.16   D. 0.8

二、填空题

1. 设随机变量 X 的概率密度为 $f(x)=\begin{cases}2x, & 0\leqslant x<1 \\ 0, & \text{其他}\end{cases}$，则 $E(X)=$ _____。

2. 设 X 服从正态分布 $N(2, 4)$，Y 服从均匀分布 $U(3, 5)$，则 $E(2X-3Y)=$ _____。

3. 设 X 服从二项分布 $B\left(3, \frac{1}{3}\right)$，则 $E(X^2)=$ _____。

4. 设 Y 在区间 $(0, 1)$ 上服从均匀分布，$Y=3X-2$，则 $E(Y)=$ _____。

5. 设 X 服从二项分布 $B\left(18, \frac{1}{3}\right)$，则 $D(X)=$ _____。

6. 设 X 服从正态分布 $N(3, 0.16)$，则 $D(X+4)=$ _____。

7. 设 X 的分布律为

X	-1	0	1	2
P	0.1	0.2	0.3	0.4

则 $D(X)=$ _____。

8. 设 X 服从参数为 3 的指数分布，则 $D(2X+1)=$ _____。

9. 设 X 服从二项分布 $B\left(4, \frac{1}{2}\right)$，则 $E(X^2)=$ _____。

10. 设 X 服从正态分布 $N(0, 1)$，$Y=2X-3$，则 $D(Y)=$ _____。

11. 设 X 服从正态分布 $N(0,1)$，Y 服从二项分布 $B\left(16,\dfrac{1}{2}\right)$，且 X 和 Y 相互独立，则 $D(2X+Y)=$ _____。

12. 已知 $E(X)=-1$，$D(X)=3$，则 $E(3X^2-3)=$ _____。

13. 设 X 的分布律为

X	-1	0	5
P	0.5	0.3	0.2

则 $P\{X<E(X)\}=$ _____。

14. 设 X、Y 的分布律分别为

X	1	2	3
P	$\dfrac{1}{3}$	$\dfrac{1}{6}$	$\dfrac{1}{2}$

Y	-1	0	1
P	$\dfrac{1}{2}$	$\dfrac{1}{4}$	$\dfrac{1}{4}$

且 X 和 Y 相互独立，则 $E(XY)=$ _____。

15. 已知 $E(X)=2$，$E(Y)=3$，$E(XY)=7$，则 $\mathrm{Cov}(X,Y)=$ _____。

16. 已知 $E(X)=2$，$E(Y)=2$，$E(XY)=4$，则 $\mathrm{Cov}(X,Y)=$ _____。

17. 设 X_1、X_2、Y 均为随机变量，已知 $\mathrm{Cov}(X_1,Y)=-1$，$\mathrm{Cov}(X_2,Y)=3$，则 $\mathrm{Cov}(X_1+2X_2,Y)=$ _____。

18. 设 X、Y 为两个随机变量，已知 $\mathrm{Cov}(X,Y)=3$，则 $\mathrm{Cov}(2X,3Y)=$ _____。

三、计算题

1. 设 X 的概率分布律为

X	-1	0	2	3
p_k	$\dfrac{1}{8}$	$\dfrac{1}{4}$	$\dfrac{3}{8}$	$\dfrac{1}{4}$

求 $E(X)$、$E(X^2)$、$E(-2X+1)$。

2. 设随机变量 X 的概率密度为

$$f(x)=\begin{cases} x, & 0\leqslant x<1 \\ 2-x, & 1\leqslant x\leqslant 2 \\ 0, & \text{其他} \end{cases}$$

求 $E(X)$、$D(X)$。

3. 设随机变量 (X,Y) 的概率密度为

$$f(x,y)=\begin{cases} xy, & 0\leqslant x<1,\ 0\leqslant y\leqslant 2 \\ 0, & \text{其他} \end{cases}$$

求：

(1) $E(X)$、$E(Y)$；

(2) $D(X)$、$D(Y)$；

(3) ρ_{XY}。

4. 设随机变量 X 的概率密度为

$$f(x)=\begin{cases}\dfrac{x}{2}, & 0\leqslant x<2 \\[2mm] 0, & \text{其他}\end{cases}$$

求：

(1) $E(X)$、$D(X)$；

(2) $D(2-3X)$；

(3) $P\{0<X<1\}$。

5. 设随机变量 X 和 Y 相互独立，且各自的概率密度为

$$f_X(x)=\begin{cases}3\mathrm{e}^{-3x}, & x>0 \\ 0, & \text{其他}\end{cases}, \quad f_Y(y)=\begin{cases}4\mathrm{e}^{-4y}, & y>0 \\ 0, & \text{其他}\end{cases}$$

求 $E(XY)$。

6. 一工厂生产的某种设备的寿命 X（以年计）服从指数分布，概率密度为

$$f(x)=\begin{cases}\dfrac{1}{4}\mathrm{e}^{-\frac{x}{4}}, & x>0 \\[2mm] 0, & x\leqslant 0\end{cases}$$

工厂规定：出售的设备若在售出一年之内损坏可予以调换。若工厂售出一台设备盈利 100 元，调换一台设备厂方需花费 300 元，试求厂方出售一台设备净盈利的数学期望。

第五章　数理统计初步

【本章导读】　概率论与数理统计是研究随机现象统计规律的一门学科。在概率论中，我们研究了随机变量的概率、介绍了常用的分布，在随机变量分布已知的情况下，研究了它的数字特征。数理统计学是以概率论为理论基础，对研究对象以有效的方法获取样本，再对这些样本进行大量的试验或观测，进而对所研究的对象做出各种推断。在数理统计学中，我们研究的随机变量其分布是未知的，或者部分已知（例如分布已知，但是其中有未知的参数）。本书只讲述对随机变量的未知参数进行统计推断的基本内容。

第一节　总体与样本

一、总体与个体

在实际应用中，我们往往需要研究有关对象的某一数量指标（例如研究某种型号手机的使用寿命这一数量指标），为此，需要考虑与这一数量指标相联系的随机试验，并对这一数量指标进行试验或观测。

我们将研究对象的全体称为总体（或母体），组成总体的每一个基本单位称为个体。例如研究某型号手机的使用寿命时，这一型号的全部手机构成研究的总体，其中每一部手机就是个体。总体中所包含的个体的数量称为总体的容量。容量有限的总体称为有限总体，容量无限的总体称为无限总体。当总体的容量很大时，通常可以把有限总体看做无限总体。

对总体中的每个个体进行随机试验就得到一个观测值，随着试验的不同而变化，观测值也是变化的，不确定的，因此总体为随机变量。这样，一个总体对应于一个随机变量，常用大写英文字母 X（或 Y、Z）表示。对总体的研究就是对随机变量 X 的研究，X 的分布函数和数字特征分别为总体的分布函数和数字特征。本书将不区分总体与相应的随机变量，统称为总体 X。

例 5 - 1　考察某厂的产品质量，将其产品分为合格品与不合格品，并以 0 记合格品，以 1 记不合格品，则总体＝｛该厂生产的全部合格品与不合格品｝＝｛由 0 或 1 组成的一些数｝。

若以 p 表示这些数中 1 的比例（不合格品率），则该总体可由一个 0 - 1 分布表示：

X	0	1
P	$1-p$	p

不同的 p 反映了总体间的差异。例如，两个生产同类产品的工厂的产品总体分布为

甲厂	X	0	1
	P	0.9	0.1

乙厂	X	0	1
	P	0.95	0.05

我们可以看到，第二个工厂的产品质量优于第一个工厂。

实际中，产品的不合格品率是未知的，如何对它进行估计是统计学要研究的问题。

二、样本

为了了解总体的分布，我们从总体中随机抽取一部分个体，并对这部分个体进行随机试验获得一组数据（观测值），根据获得的数据对总体的分布进行推断。

从总体 X 中抽出部分个体 X_1，X_2，…，X_n，由其组成的集合称为样本，样本中样品的个数 n 称为样本容量（简称样本量）。对样本进行随机试验获得一组数据 x_1，x_2，…，x_n，该组数据称为样本的观测值（简称样本值）。

例 5 - 2　某食品加工厂生产的一批桶装糖果净重 $258\,\mathrm{g}$，由于随机性，每桶的净重之间都略有差别。现从中随机抽取 10 桶糖果，称重的结果如下（单位：g）：

$$257.5，258.2，257.6，258.1，258.3，257.9，257.6，258.4，258.2，258.6$$

这是一个容量为 10 的样本观测值，对应的总体是这一批糖果的净重。

三、简单随机抽样

我们从总体中抽取样本，为了能通过样本正确地推断总体，就要求样本要具有很好的代表性，因此抽取样本的方法选择使用简单随机抽样。用简单随机抽样抽取的样本称为简单随机样本，也简称样本（如无特别说明，本书所涉及的样本均为简单随机样本）。

简单随机样本需满足下面两个条件：

（1）具有随机性，即要求每个个体都有相同机会被抽入样本。这意味着每一件样品 X_i 与总体 X 有相同的分布。

（2）具有独立性，即要求样本中每个样品取什么值不受其他样品取值的影响。这意味着样本 X_1，X_2，…，X_n 是相互独立的。

这两个条件告诉我们一个重要的信息：若样本 X_1，X_2，…，X_n 是相互独立的，则其具有同一分布的随机变量（独立同分布的随机变量），其共同分布即为总体分布。关于独立同分布的随机变量的重要结论请参看大数定律及中心极限定理简介，这将有助于理解后续

课程。

　　抽样通常有两种方式：一种是不重复抽样，指每次抽取一个个体不放回去，再抽取第二个，连续抽取 n 次，构成一个容量为 n 的样本；另一种是重复抽样，指每次抽取一个个体观测后放回去，再抽取第二个，连续抽取 n 次，构成一个容量为 n 的样本。

　　对于无限总体，抽取有限个个体后不会影响总体的分布。在这种情况下，不重复抽样与重复抽样没什么区别，获得的样本均为简单随机样本。对于有限总体，采用放回抽样才能得到简单随机样本，但放回抽样在某些情形中是不可能的。如手机的使用寿命，玻璃的抗震强度等一些具有破坏性的试验，不可能采取放回抽样的方法。因此在实际中，当总体总数 N 远大于样本容量 n 时，可以将不放回抽样近似当做放回抽样来处理。

第二节　常用统计量、抽样分布简介

　　样本是对总体进行分析和推断的依据。样本来源于总体，携带有总体的部分信息。这些信息是分散的，往往不能直接用于统计推断，需要针对不同的问题构造适当的样本函数来实现对总体的推断，这种构造的样本函数就是统计量。

一、常见的统计量

　　定义 5 - 1　设 $X_1, X_2, \cdots, X_n$ 为总体 X 的一组样本，$f(X_1, X_2, \cdots, X_n)$ 是样本 $X_1, X_2, \cdots, X_n$ 的函数，如果 f 中不包含任何未知参数，则 $f(X_1, X_2, \cdots, X_n)$ 称为一个统计量。

　　例如，设总体 X 服从参数为 μ 和 σ^2 的正态分布，即 $X \sim N(\mu, \sigma^2)$，其中 μ 和 σ^2 均未知。

　　X_1, X_2, X_3 为总体 X 的一个样本，则 $\sum\limits_{i=1}^{3}(X_i - 2)$ 和 $\sum\limits_{i=1}^{3} X_i^2$ 都是统计量，而 $\sum\limits_{i=1}^{3}(X_i - \mu)$ 和 $\dfrac{1}{\sigma} \sum\limits_{i=1}^{3} X_i^2$ 不是统计量，因为它们含有未知参数。

1. 样本均值

　　定义 5 - 2　设 $X_1, X_2, \cdots, X_n$ 为总体 X 的一组样本，其算术平均值称为样本均值，一般用 $\overline{X}$ 表示，即

$$\overline{X} = \frac{X_1 + X_2 + \cdots + X_n}{n} = \frac{1}{n} \sum_{i=1}^{n} X_i$$

　　例 5 - 3　某宿舍学生的身高(单位：cm)分别为

$$170, 168, 175, 176, 180, 166$$

则该宿舍学生的身高平均值为

$$\bar{x} = \frac{170+168+175+176+180+166}{6} = 172.5 \text{ cm}$$

2. 样本方差

定义 5 - 3　设 X_1，X_2，$\cdots$，X_n 为总体 X 的一组样本，则它关于样本均值 $\bar{X}$ 的平均偏差的平方和 $S^2 = \dfrac{1}{n-1}\sum\limits_{i=1}^{n}(X_i - \bar{X})^2$ 称为样本方差，其算术平方根 $S = \sqrt{S^2}$ 称为样本标准差。相比于样本方差，样本标准差应用更为广泛。样本方差通常还可以写作

$$S^2 = \frac{1}{n-1}\sum_{i=1}^{n}(X_i - \bar{X})^2 = \frac{1}{n-1}\left(\sum_{i=1}^{n}X_i^2 - n\bar{X}^2\right)$$

例 5 - 4　在例 5 - 3 中我们已经得到 $\bar{x} = 172.5$，求其样本方差与样本标准差。

解　方法一：由于

$$s^2 = \frac{1}{n-1}\sum_{i=1}^{n}(x_i - \bar{x})^2$$

$$= \frac{1}{6-1}\big[(170-172.5)^2 + (168-172.5)^2 + (175-172.5)^2 + (176-172.5)^2 +$$

$$(180-172.5)^2 + (166-172.5)^2\big]$$

$$= 28.7$$

因此

$$s = \sqrt{s^2} = \sqrt{28.7} = 5.36$$

方法二：由于

$$s^2 = \frac{1}{n-1}\left(\sum_{i=1}^{n}x_i^2 - n\bar{x}^2\right)$$

$$= \frac{1}{6-1}\big[(170^2 + 168^2 + 175^2 + 176^2 + 180^2 + 166^2) - 6 \times 172.5^2\big]$$

$$= 28.7$$

因此

$$s = \sqrt{s^2} = \sqrt{28.7} = 5.36$$

通常用第二种方法计算 s^2 更简便。

常见的统计量除了上面介绍的样本均值 $\bar{X}$ 与样本方差 S^2 之外，还有

$$U = \frac{\bar{X} - \mu}{\sigma/\sqrt{n}}, \quad t = \frac{\bar{X} - \mu}{S/\sqrt{n}}, \quad \chi^2 = \frac{(n-1)S^2}{\sigma^2}$$

其中 n 为样本量。

二、抽样分布简介

统计量 $f(X_1, X_2, \cdots, X_n)$ 的概率分布又称为抽样分布。在概率论课程中，我们已经了解到概率分布的重要性。若已知概率分布，则概率密度函数就可以获得，那么相应的随机变量的概率信息也可以获得。在使用统计量进行统计推断时，我们必须知道它的抽样分布。类似于随机变量的概率分布，已知抽样分布我们可以获得相应统计量的概率信息，进而应用概率信息进行统计推断。若已知总体的分布，统计量的分布总是确定的，但对一般的总体分布，统计量的分布往往很复杂，甚至不能求出。正态分布可以作为很多统计问题中总体分布的近似，并且来自正态总体的统计量的分布较容易求出。因此，来自正态总体的抽样分布的应用十分广泛。下面我们对来自正态总体的样本均值的抽样分布进行简单介绍。

定理 5-1 设 $X_1, X_2, \cdots, X_n$ 为来自正态总体 $N(\mu, \sigma^2)$ 的一组样本，则样本均值 $\overline{X} \sim N\left(\mu, \dfrac{\sigma^2}{n}\right)$。

定理 5-1 表明当总体服从正态分布时，样本均值 $\overline{X}$ 服从正态分布，而且样本均值的数学期望 $E(\overline{X})$ 等于总体均值 μ，样本均值的方差 $D(\overline{X})$ 为总体方差的 $\dfrac{1}{n}$。进一步，将 $\overline{X}$ 标准化后可以得到 $U = \dfrac{\overline{X} - \mu}{\sigma/\sqrt{n}} \sim N(0, 1)$。

其他常见的来自正态总体的抽样分布还有 χ^2 分布、t 分布和 F 分布。常见的统计量有

$$\chi^2 = \frac{(n-1)S^2}{\sigma^2} \sim \chi^2(n-1)$$

$$t = \frac{\overline{X} - \mu}{S/\sqrt{n}} \sim t(n-1)$$

其中 n 为样本量。

第三节　参　数　估　计

统计推断就是依据样本推断总体。统计推断的基本问题包括参数估计和假设检验两部分，本节介绍参数估计问题。

一、点估计

在实际问题中，总体 X 常常是分布未知或者是分布函数已知，但它的一个或者多个参数是未知的。我们自然想到，通过获得总体的一组具有代表性的样本（简单随机样本）来对总体进行推断，获得未知参数的近似值。这样的问题就是参数的点估计问题。参数的点估

计就是用一个数值(估计值)去估计未知参数。

定义 5-4　设总体 X 的分布函数 $F(x;\theta)$ 已知,其中 θ 为待估计的未知参数。点估计就是构造一个统计量(不含未知参数的样本的函数)$\hat{\theta}=\hat{\theta}(X_1,X_2,\cdots,X_n)$ 来估计 θ,我们称 $\hat{\theta}(X_1,X_2,\cdots,X_n)$ 为 θ 的估计量,将样本的观测值 $x_1,x_2,\cdots,x_n$ 代入估计量 $\hat{\theta}(X_1,X_2,\cdots,X_n)$,就得到一个具体的数值 $\hat{\theta}(x_1,x_2,\cdots,x_n)$,这个数值是未知参数 θ 的估计值。在不引起混淆的情况下 θ 的估计量与估计值均简称为 θ 的估计,记作 $\hat{\theta}$。

点估计的方法很多,最简便的是数字特征法也称为矩法。样本源于总体,因此样本在一定程度上能反映总体的特性。我们通常选用样本均值 $\overline{X}$ 和样本方差 S^2 分别作为总体数学期望 $E(X)$ 和方差 $D(X)$ 的估计量。

$$\hat{E}(X)=\overline{X}=\frac{1}{n}\sum_{i=1}^{n}X_i$$

$$\hat{D}(X)=S^2=\frac{1}{n-1}\sum_{i=1}^{n}(X_i-\overline{X})^2=\frac{1}{n-1}\left(\sum_{i=1}^{n}X_i^2-n\overline{X}^2\right)$$

其中 n 为样本量。

这种以样本数字特征作为总体数字特征的估计量的方法称为数字特征法。

例 5-5　对某物体测量其高度(单位:m),得到如下数据:

19.81,19.86,19.83,19.78,19.82,19.8,19.76,19.91,19.81,19.82

试估计该物体高度的期望与方差。

解　这是一个容量为 10 的样本观测值,对应总体是某物体的高度,其分布形式未知,可用矩法估计其期望、方差。

$$\hat{E}(X)=\overline{x}=\frac{1}{n}\sum_{i=1}^{n}x_i$$

$$=\frac{1}{10}(19.81+19.86+19.83+19.78+19.82+19.8+19.76+19.91+19.81+19.82)$$

$$=19.82$$

$$\hat{D}(X)=s^2=\frac{1}{n-1}\sum_{i=1}^{n}(x_i-\overline{x})^2$$

$$=\frac{1}{9}[(19.81-19.82)^2+(19.86-19.82)^2+(19.83-19.82)^2+$$

$$(19.78-19.82)^2+(19.82-19.82)^2+(19.8-19.82)^2+$$

$$(19.76-19.82)^2+(19.91-19.82)^2+(19.81-19.82)^2+$$

$$(19.82-19.82)^2]$$

$$\approx 0.002$$

例 5-6 设总体服从指数分布 $E(\lambda)$，其中参数 λ 未知。试求 λ 的估计 $\hat{\lambda}$。

解 由 $E(X)=\dfrac{1}{\lambda}$，得到 $\lambda=\dfrac{1}{E(X)}$，故 λ 的估计 $\hat{\lambda}=\dfrac{1}{\overline{X}}$。

例 5-7 设南京地铁一号南延线乘客的等待时间服从区间 $(0,\theta)$ 上的均匀分布，$\theta>0$ 为未知参数。求 θ 的估计 $\hat{\theta}$。

解 总体 X 的均值为

$$E(X)=\frac{1}{2}(a+b)=\frac{1}{2}(0+\theta)=\frac{\theta}{2}$$

故

$$\theta=2E(X)$$

由矩法 $\hat{E}(X)=\overline{X}$，得

$$\hat{\theta}=2\hat{E}(X)=2\overline{X}$$

此时，若获取一组等待时间的数据（样本值）：

$$2.1, 0.7, 1.2, 5, 6.9, 6.3, 5.8$$

则 $\hat{\theta}$ 的值为

$$\hat{\theta}=2\bar{x}=2\times\frac{1}{7}(2.1+0.7+1.2+5+6.9+6.3+5.8)=8$$

即地铁间隔时间为 8 分钟。

例 5-8 某工厂生产一批零件，已知这批零件内径总体 $X\sim N(\mu,\sigma^2)$，但是参数 μ 和 σ^2 未知。现随机抽查 12 个零件进行内径检测，测得内径（单位：cm）分别为

$$13.30, 13.80, 13.40, 13.32, 13.43, 13.48$$
$$13.51, 13.31, 13.34, 13.47, 13.44, 13.50$$

试估计这批零件的内径均值和方差。

解 已知这批零件内径总体 $X\sim N(\mu,\sigma^2)$，那么这批零件内径的均值就是 μ，方差就是 σ^2。根据已知的样本观测值可得

$$\hat{\mu}=\bar{x}=\frac{1}{n}\sum_{i=1}^{n}x_i=\frac{1}{12}(13.30+13.80+\cdots+13.50)\approx13.44$$

$$\hat{\sigma}^2=s^2=\frac{1}{n-1}\sum_{i=1}^{n}(x_i-\bar{x})^2$$

$$=\frac{1}{12-1}[(13.30-13.44)^2+\cdots+(13.50-13.44)^2]$$

$$\approx0.0185$$

即这批零件内径均值的估计值约为 13.44，方差的估计值约为 0.0185。

例 5 – 9　设总体 X 的概率密度为

$$f(x)=\begin{cases} \dfrac{1}{\alpha}, & 0<x<\alpha \\[2mm] 0, & 其他 \end{cases}$$

如果 1.3，0.6，1.7，2.2，0.3，1.1 是总体 X 的一组样本值，试估计这个总体的数学期望、方差及参数 α 的值。

解　分别用样本均值和方差估计总体的均值与方差，此总体的数学期望估计值为

$$\hat{E}(X)=\bar{x}=\frac{1}{n}\sum_{i=1}^{n}x_i=\frac{1}{6}(1.3+0.6+1.7+2.2+0.3+1.1)=1.2$$

总体方差的估计值为

$$\hat{D}(X)=s^2=\frac{1}{n-1}\left(\sum_{i=1}^{n}x_i^2-n\bar{x}^2\right)$$

$$=\frac{1}{6-1}\left[(1.3^2+0.6^2+1.7^2+2.2^2+0.3^2+1.1^2)-6\times1.2^2\right]$$

$$=0.488$$

为了估计参数 α，先求总体的数学期望

$$E(X)=\int_{-\infty}^{+\infty}xf(x)\mathrm{d}x=\int_{0}^{\alpha}\frac{x}{\alpha}\mathrm{d}x=\frac{\alpha}{2}$$

令 $\dfrac{\alpha}{2}=\bar{x}$，则得 α 的矩估计值 $\hat{\alpha}=2\bar{x}=2.4$。

二、区间估计

1. 置信区间

参数估计的另一类问题就是参数的区间估计。点估计获得的是参数的一个估计值，在实际问题中，仅得到一个估计值，无法知道这个估计值的近似程度以及这个估计值与真实值的误差范围大小。区间估计可以反映误差的范围以及这个范围包含真实值的可信程度。参数的区间估计是用一个区间范围去估计未知参数。

定义 5 – 5　设 X_1，X_2，$\cdots$，X_n 为总体 X 的一组样本，θ 为总体的未知参数，记 $\hat{\theta}_1=(X_1,X_2,\cdots,X_n)$ 与 $\hat{\theta}_2=(X_1,X_2,\cdots,X_n)$ 为 θ 的两个统计量，对给定的 $\alpha(0<\alpha<1)$，如果 $P(\hat{\theta}_1<\theta<\hat{\theta}_2)=1-\alpha$，那么称区间 $(\hat{\theta}_1,\hat{\theta}_2)$ 为 θ 的置信水平（置信度）为 $1-\alpha$ 的置信区间，α 称为显著性水平。

置信区间 $(\hat{\theta}_1,\hat{\theta}_2)$ 是一个随机区间，每次抽取一组样本获得的 $(\hat{\theta}_1,\hat{\theta}_2)$ 可能包含 θ 的真值也可能不包含 θ 的真值。当显著性水平 $\alpha=0.05$，也就是 $P(\hat{\theta}_1<\theta<\hat{\theta}_2)=0.95$ 时，获得

的置信区间$(\hat{\theta}_1, \hat{\theta}_2)$表示 θ 的真值落在区间$(\hat{\theta}_1, \hat{\theta}_2)$内的概率为 0.95，也就是 θ 的真值落在区间$(\hat{\theta}_1, \hat{\theta}_2)$内的可信度为 0.95，这也是为什么 $1-\alpha$ 称为置信水平(置信度)的原因。换言之，取 100 组样本观测值所确定的 100 个置信区间中，大约有 95 个区间中包含 θ 的真值。

2. 正态总体的区间估计

在实际问题中，服从正态分布的总体广泛存在，并且正态分布可以作为很多统计问题中总体分布的近似分布。因此本书介绍来自正态总体的区间估计。

对于给定的置信水平 $1-\alpha$，根据条件选择适当枢纽量，由样本值确定未知参数 θ 的置信区间，称为 θ 参数的区间估计。

例如，设一个正态总体 $X \sim N(\mu, \sigma_0^2)$，已知方差 $\sigma^2 = \sigma_0^2$，需要对均值 μ 这个未知参数进行区间估计。那么需要：

(1) 确定置信水平 $1-\alpha$。通常 $1-\alpha$ 的取值为 0.95、0.99，此时显著性水平 α 为 0.05、0.01；

(2) 选择枢纽量 $U = \dfrac{\overline{X} - \mu}{\sigma / \sqrt{n}}$ (此时，因为均值 μ 作为待估参数是未知的，所以 U 不是统计量，我们称为枢纽量)。

已知 $U = \dfrac{\overline{X} - \mu}{\sigma / \sqrt{n}} \sim N(0, 1)$，对于给定的显著性水平 α，有

$$P\left(\left| \frac{\overline{X} - \mu}{\sigma / \sqrt{n}} \right| < u_{\frac{\alpha}{2}} \right) = 1 - \alpha$$

其中 $u_{\frac{\alpha}{2}}$ 称为临界值，如图 5-1 所示。$u_{\frac{\alpha}{2}}$ 的具体取值可通过查附表 1 获得。

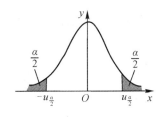

图 5-1

(3) 获得 μ 的置信水平为 $1-\alpha$ 的置信区间(区间估计)

$$\left(\overline{X} - \frac{\sigma}{\sqrt{n}} \cdot u_{\frac{\alpha}{2}}, \ \overline{X} + \frac{\sigma}{\sqrt{n}} \cdot u_{\frac{\alpha}{2}} \right)$$

类似地，我们可以得到，服从正态分布的总体 $N(\mu, \sigma^2)$，其中参数方差 σ^2 未知时，均值 μ 的区间估计；均值 μ 已知时，方差 σ^2 的区间估计；均值 μ 未知，方差 σ^2 未知的情况在实际问题中极为罕见，因此本书不作介绍。为方便学习，我们把上述区间估计列表对比，如表 5-1 所示。

表 5 - 1　　正态总体未知参数的置信区间

待估参数	μ		σ^2
置信水平	$1-\alpha$	$1-\alpha$	$1-\alpha$
枢纽量	σ^2 已知，$U=\dfrac{\overline{X}-\mu}{\sigma/\sqrt{n}}$	σ^2 未知，$t=\dfrac{\overline{X}-\mu}{S/\sqrt{n}}$	$\chi^2=\dfrac{(n-1)S^2}{\sigma^2}$
满足条件	$P(\|U\|<\lambda)=1-\alpha$	$P(\|t\|<\lambda)=1-\alpha$	$P(\lambda_1<\chi^2<\lambda_2)=1-\alpha$
临界值（查表）	$\lambda=u_{\frac{\alpha}{2}}$	$\lambda=t_{\frac{\alpha}{2}}(n-1)$	$\lambda_1=\chi^2_{1-\frac{\alpha}{2}}(n-1)$　$\lambda_2=\chi^2_{\frac{\alpha}{2}}(n-1)$
置信区间	$\left(\overline{X}-\dfrac{\sigma}{\sqrt{n}}\cdot\lambda,\ \overline{X}+\dfrac{\sigma}{\sqrt{n}}\cdot\lambda\right)$	$\left(\overline{X}-\dfrac{S}{\sqrt{n}}\cdot\lambda,\ \overline{X}+\dfrac{S}{\sqrt{n}}\cdot\lambda\right)$	$\left(\dfrac{(n-1)S^2}{\lambda_2},\ \dfrac{(n-1)S^2}{\lambda_1}\right)$

例 5 - 10　某种新品水果，统计资料显示其重量服从正态分布，其方差为 100，现从中随机地抽取 5 个，称得重量（单位：g）如下：

$$552,548,564,551,545$$

求均值 μ 的置信水平为 0.95 的置信区间。

解　由置信水平为 0.95，得 $\alpha=0.05$，$\dfrac{\alpha}{2}=0.025$。

易知样本均值为 552，通过查附表 1 得 $u_{0.025}=1.96$，故 μ 的置信水平是 0.95 的置信区间为

$$\left(\overline{X}-\frac{\sigma}{\sqrt{n}}\cdot u_{\frac{\alpha}{2}},\ \overline{X}+\frac{\sigma}{\sqrt{n}}\cdot u_{\frac{\alpha}{2}}\right)=\left(552-\frac{10}{\sqrt{5}}\times1.96,\ 552+\frac{10}{\sqrt{5}}\times1.96\right)$$

$$=(543.23,560.77)$$

例 5 - 11　从某学校一年级的数学成绩单中随机抽取 25 名学生的成绩，计算其平均成绩为 78.5，样本标准差为 20。假设学生的总体数学成绩服从正态分布，求该校一年级学生数学平均成绩的 90% 的置信区间。

解　由于学生的总体数学成绩服从正态分布，并且方差未知，依题意需对总体的均值（数学的平均成绩）做出置信度为 90％区间估计。

依题意知：$\alpha = 0.1$，$n = 25$，$\bar{x} = 78.5$，$s = 20$，查附表 3 得 $t_{0.05}(24) = 1.71$，因此该校一年级学生的数学平均成绩的 90％的置信区间为

$$\left(\bar{X} - \frac{S}{\sqrt{n}} \cdot t_{\frac{\alpha}{2}}, \; \bar{X} + \frac{S}{\sqrt{n}} \cdot t_{\frac{\alpha}{2}} \right) = \left(78.5 - \frac{20}{\sqrt{25}} \times 1.71, \; 78.5 + \frac{20}{\sqrt{25}} \times 1.71 \right)$$

$$= (71.7, 85.3)$$

例 5-12　某厂生产的零件质量 X 服从正态分布 $N(\mu, \sigma^2)$。现从该厂生产的零件中抽取 9 个，测得其质量（单位：g）为

$$45.3, \; 45.4, \; 45.1, \; 45.3, \; 45.5, \; 45.7, \; 45.4, \; 45.3, \; 45.6$$

试求总体方差 σ^2 的 0.95 置信区间。

解　依题意知：$\alpha = 0.05$，$s^2 = 0.0325$，$(n-1)s^2 = 8 \times 0.0325 = 0.26$。通过查附表 4 得 $\chi^2_{0.025}(8) = 17.5345$，$\chi^2_{0.975}(8) = 2.1797$，则 σ^2 的置信区间为

$$\left(\frac{(n-1)S^2}{\chi^2_{\frac{\alpha}{2}}(n-1)}, \; \frac{(n-1)S^2}{\chi^2_{1-\frac{\alpha}{2}}(n-1)} \right) = \left(\frac{0.26}{17.5345}, \; \frac{0.26}{2.1797} \right) = (0.0148, 0.1193)$$

第四节　参数的假设检验

一、假设检验的基本思想

在介绍假设检验的基本思想之前，我们需要先了解小概率事件原理。小概率事件原理又称为实际推断原理，就是"一个概率很小的事件在一次试验中几乎是不发生的"。假设检验的法则是建立在小概率事件原理之上的。

假设检验的基本思想如下：

（1）对目标事件进行两种假设：H_0 目标事件是正确的，H_1 目标事件是错误的。

（2）在 H_0 正确的假设下，构造一个事件 A，要求 A 在 H_0 的条件下发生的概率很小（构造一个小概率事件 A）。

（3）进行一次试验，如果 A 发生，则 H_0 的正确性很值得怀疑，因而拒绝 H_0，接受 H_1，认为目标事件是错误的；如果 A 没发生，则认为 H_0 是正确的，因而拒绝 H_1，接受 H_0，认为目标事件是正确的。

我们称 H_0 为原假设，H_1 为备择假设。

在实际操作中，我们常选用适当的统计量来构造小概率事件。

例如，设一个正态总体 $X \sim N(\mu, \sigma_0^2)$，方差已知 $\sigma^2 = \sigma_0^2$，我们需要对均值 $\mu = \mu_0$ 这个事件做出假设进行检验。那么我们需要：

（1）提出假设。

原假设 H_0：$\mu = \mu_0$；备择假设 H_1：$\mu \neq \mu_0$。

（2）选取统计量 $U = \dfrac{\overline{X} - \mu_0}{\sigma / \sqrt{n}}$。

对给定的显著性水平 α（通常取 0.01，0.05）构造小概率事件 $\left| \dfrac{\overline{X} - \mu_0}{\sigma / \sqrt{n}} \right| > u_{\frac{\alpha}{2}}$，即

$P\left(\left| \dfrac{\overline{X} - \mu_0}{\sigma / \sqrt{n}} \right| > u_{\frac{\alpha}{2}} \right) = \alpha$（该式表明 $\left| \dfrac{\overline{X} - \mu_0}{\sigma / \sqrt{n}} \right| > u_{\frac{\alpha}{2}}$ 为小概率事件，进行一次试验 $\left| \dfrac{\overline{X} - \mu_0}{\sigma / \sqrt{n}} \right| > u_{\frac{\alpha}{2}}$

这个事件几乎不发生），如果 $\left| \dfrac{\overline{X} - \mu_0}{\sigma / \sqrt{n}} \right| > u_{\frac{\alpha}{2}}$ 发生，则我们怀疑原假设 H_0：$\mu = \mu_0$ 的正确

性。其中 $u_{\frac{\alpha}{2}}$ 称为临界值，如图 5-2 所示，$u_{\frac{\alpha}{2}}$ 的具体取值可通过查附表 1 获得。

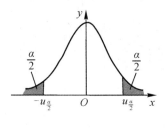

图 5-2

（3）确定拒绝域与接受域。

H_0 的拒绝域为

$$(-\infty, -u_{\frac{\alpha}{2}}) \bigcup (u_{\frac{\alpha}{2}}, +\infty)$$

H_0 的接受域为

$$(-u_{\frac{\alpha}{2}}, u_{\frac{\alpha}{2}})$$

（4）计算检验量的值并作出判断。

计算检验量 $U_0 = \dfrac{\overline{x} - \mu_0}{\sigma / \sqrt{n}}$，如果 $U_0 = \dfrac{\overline{x} - \mu_0}{\sigma / \sqrt{n}}$ 落入拒绝域中，则拒绝原假设 H_0，接受备

择假设 H_1，认为 $\mu \neq \mu_0$；如果 $U_0 = \dfrac{\overline{x} - \mu_0}{\sigma / \sqrt{n}}$ 落入接受域中，则接受原假设 H_0，认为 $\mu = \mu_0$。

类似于上述步骤，我们可以获得服从正态分布的总体 $N(\mu, \sigma^2)$，方差 σ^2 未知时，均值 μ 的假设检验，以及均值 μ 已知时，方差 σ^2 的假设检验。

二、正态总体的假设检验

为方便学习，我们把服从正态分布总体参数的假设检验列表，如表 5-2 所示。

表 5 - 2　正态分布总体参数的假设检验

待估参数	μ		σ^2
提出假设	$H_0:\mu=\mu_0$；$H_1:\mu\neq\mu_0$	$H_0:\mu=\mu_0$；$H_1:\mu\neq\mu_0$	$H_0:\mu=\mu_0$；$H_1:\mu\neq\mu_0$
显著性水平	α	α	α
统计量	σ^2 已知，$U=\dfrac{\overline{X}-\mu}{\sigma/\sqrt{n}}$	σ^2 未知，$t=\dfrac{\overline{X}-\mu}{S/\sqrt{n}}$	$\chi^2=\dfrac{(n-1)S^2}{\sigma^2}$
满足条件	$P(\lvert U\rvert\geqslant\lambda)=\alpha$	$P(\lvert t\rvert\geqslant\lambda)=\alpha$	$P[(\chi^2\leqslant\lambda_1)\cup(\chi^2\geqslant\lambda_2)]=\alpha$
临界值（查表）	$\lambda=u_{\frac{\alpha}{2}}$	$\lambda=t_{\frac{\alpha}{2}}(n-1)$	$\lambda_1=\chi^2_{1-\frac{\alpha}{2}}(n-1)$ $\lambda_2=\chi^2_{\frac{\alpha}{2}}(n-1)$
拒绝域与接受域	H_0 的拒绝域为 $(-\infty,-\lambda)\cup(\lambda,+\infty)$；$H_0$ 的接受域为 $(-\lambda,\lambda)$	H_0 的拒绝域为 $(-\infty,-\lambda)\cup(\lambda,+\infty)$；$H_0$ 的接受域为 $(-\lambda,\lambda)$	H_0 的拒绝域为 $(0,\lambda_1)\cup(\lambda_2,+\infty)$；$H_0$ 的接受域为 (λ_1,λ_2)

例 5 - 13　某厂生产的细铁丝的抗断强度服从正态分布 $N(40,0.4^2)$，现在用新方法生产了一批细钢丝，从中抽取 25 根进行试验，测得抗断强度的样本均值为 $\bar{x}=41.25$（单位：MPa）。假设在新方法下总体的方差不变，问：新方法生产的这批细铁丝较以往是否有显著性变化（$\alpha=0.05$）？

解　（1）提出假设：$H_0:\mu=\mu_0=40$；$H_1:\mu\neq40$。

（2）选取统计量：

$$U=\frac{\overline{X}-\mu}{\sigma/\sqrt{n}}$$

（3）查附表 1 知 $u_{0.025}=1.96$，得到拒绝域为

$$(-\infty,-1.96)\cup(1.96,+\infty)$$

（4）计算检验量的值：

$$U_0=\frac{\overline{X}-\mu}{\sigma/\sqrt{n}}=\frac{\bar{x}-\mu_0}{\sigma/\sqrt{n}}=\frac{41.25-40}{0.4/\sqrt{25}}=15.625$$

因为 $15.625>1.96$，U_0 落入拒绝域内，所以拒绝原假设，可以判定这批细铁丝的抗断强度有显著性变化。

例 5－14　车辆厂生产的螺杆直径 X（单位：mm）服从正态分布 $N(\mu,\sigma^2)$，现从中抽取 5 支，测得直径为 22.3，21.5，22.0，21.8，21.4。如果 σ^2 未知，试问：直径均值 $\mu=21$ 是否成立（$\alpha=0.05$）？

解　（1）提出假设：$H_0:\mu=\mu_0=21$；$H_1:\mu\neq21$。

（2）选取统计量：

$$T=\frac{\overline{X}-\mu}{S/\sqrt{n}}$$

（3）查附表 3 知 $t_{0.025}(4)=2.776$，得到拒绝域为

$$(-\infty,-2.776)\bigcup(2.776,+\infty)$$

（4）计算检验量的值：由 $\overline{x}=21.8$，$s^2=0.135$ 得

$$t=\frac{21.8-21}{\sqrt{0.135}/\sqrt{5}}\approx4.87$$

因为 $t\approx4.87$ 落入拒绝域内，所以拒绝原假设，可以判定直径均值不是 21。

例 5－15　从某品牌的产品中随机抽取 9 件样品，测得其重量的平均值为 287.89 g，方差 $s^2=20.36$，问：可否相信该品牌产品重量的方差为 20？

解　（1）提出假设：$H_0:\sigma^2=\sigma_0^2=20$；$H_1:\sigma^2\neq20$。

（2）选取统计量：

$$\chi^2=\frac{(n-1)S^2}{\sigma^2}$$

（3）查附表 4 知 $\chi^2_{0.025}(8)=17.54$，$\chi^2_{0.975}(8)=2.18$，得到拒绝域为

$$(0,2.18)\bigcup(17.54,+\infty)$$

（4）计算检验量的值：由 $\sigma_0^2=20$，$s^2=20.36$ 得

$$\chi_0^2=\frac{(n-1)S^2}{\sigma^2}=\frac{(n-1)s^2}{\sigma_0^2}=\frac{8\times20.36}{20}=8.144$$

因为 $2.18<8.144<17.54$ 未落入拒绝域内，所以接受原假设，可以相信该品牌产品重量的方差为 20。

本 章 小 结

1. 总体与个体、样本与样本观测值、简单随机抽样的基本概念

（1）总体与个体：我们将研究对象的全体称为总体（或母体），组成总体的每一个基本单位称为个体。

（2）样本与样本观测值：从总体 X 中抽出部分个体 $X_1,X_2,\cdots,X_n$ 组成的集合称为样本，样本中样品的个数 n 称为样本容量（简称样本量）。对样本进行随机试验获得一组数据 $x_1,x_2,\cdots,x_n$ 称为样本的观测值（简称样本值）。

（3）简单随机抽样：

简单随机样本需满足下面两个条件：

① 具有随机性，即要求每个个体都有相同机会被抽入样本。这意味着每一件样品 X_i 与总体 X 有相同的分布。

② 具有独立性，即要求样本中每个样品取什么值不受其他样品取值的影响。这意味着样本 X_1，X_2，$\cdots$，X_n 是相互独立的。

2. 统计量、常见统计量、抽样分布的基本概念

（1）统计量：针对不同的问题构造适当的不包含任何未知参数的样本函数来实现对总体的推断，这种构造的样本函数就是统计量。

设 X_1，X_2，$\cdots$，X_n 为总体 X 的一组样本，$f(X_1, X_2, \cdots, X_n)$ 是样本 X_1，X_2，$\cdots$，X_n 的函数，如果 f 中不包含任何未知参数，则 $f(X_1, X_2, \cdots, X_n)$ 称为一个统计量。

（2）常见统计量：

① 样本均值：设 X_1，X_2，$\cdots$，X_n 为总体 X 的一组样本，其算术平均值称为样本均值，一般用 $\overline{X}$ 表示，即

$$\overline{X} = \frac{X_1 + X_2 + \cdots + X_n}{n} = \frac{1}{n} \sum_{i=1}^{n} X_i$$

② 样本方差：设 X_1，X_2，$\cdots$，X_n 为总体 X 的一组样本，则它关于样本均值 $\overline{X}$ 的平均偏差平方和 $S^2 = \frac{1}{n-1} \sum_{i=1}^{n} (X_i - \overline{X})^2$ 为样本方差，其算术平方根 $S = \sqrt{S^2}$ 称为样本标准差。相比于样本方差，样本标准差应用更为广泛。样本方差通常还可以写作

$$S^2 = \frac{1}{n-1} \sum_{i=1}^{n} (X_i - \overline{X})^2 = \frac{1}{n-1} \left[\sum_{i=1}^{n} X_i^2 - n\overline{X}^2 \right]$$

（3）抽样分布：统计量 $f(X_1, X_2, \cdots, X_n)$ 的概率分布又称为抽样分布。

常见统计量的抽样分布：

$$U = \frac{\overline{X} - \mu}{\sigma / \sqrt{n}} \sim N(0, 1), \quad t = \frac{\overline{X} - \mu}{S / \sqrt{n}} \sim t(n-1), \quad \chi^2 = \frac{(n-1)S^2}{\sigma^2} \sim \chi^2(n-1)$$

3. 参数的点估计、置信区间、置信水平(显著性水平)的基本概念及计算简单的区间估计问题

（1）基本概念：

① 点估计：参数的点估计就是用一个数值(估计值)去估计未知参数。

设总体 X 的分布函数 $F(x; \theta)$ 已知，其中 θ 为待估计的未知参数。点估计就是构造一个统计量(不含未知参数的样本的函数)$\hat{\theta} = \hat{\theta}(X_1, X_2, \cdots, X_n)$ 来估计 θ，我们称 $\hat{\theta}(X_1, X_2, \cdots, X_n)$ 为 θ 的估计量，将样本的观测值 x_1，x_2，$\cdots$，x_n 代入估计量 $\hat{\theta}(X_1, X_2, \cdots, X_n)$，就得到一个具体的数值 $\hat{\theta}(x_1, x_2, \cdots, x_n)$，这个数值是未知参数 θ 的估计值。

② 区间估计：区间估计可以反映误差的范围以及这个范围包含真实值的可信程度。参数的区间估计是用一个区间范围去估计未知参数。

设 X_1，X_2，$\cdots$，X_n 为总体 X 的一组样本，θ 为总体的未知参数，记 $\hat{\theta}_1=(X_1，X_2，\cdots X_n)$ 与 $\hat{\theta}_2=(X_1，X_2，\cdots X_n)$ 为 θ 的两个统计量，对给定的 $\alpha(0<\alpha<1)$，如果 $P(\hat{\theta}_1<\theta<\hat{\theta}_2)=1-\alpha$，那么称区间 $(\hat{\theta}_1，\hat{\theta}_2)$ 为 θ 的置信水平（置信度）为 $1-\alpha$ 的置信区间，α 称为显著性水平。

（2）点估计和区间估计的计算：

① 点估计（矩法）：

总体均值的点估计：

$$\hat{E}(X)=\overline{X}=\frac{1}{n}\sum_{i=1}^{n}X_i$$

总体方差的点估计：

$$\hat{D}(X)=S^2=\frac{1}{n-1}\sum_{i=1}^{n}(X_i-\overline{X})^2=\frac{1}{n-1}\left(\sum_{i=1}^{n}X_i^2-n\overline{X}^2\right)$$

② 区间估计：

当方差 σ^2 已知时，正态总体均值 μ 的区间估计为

$$\left(\overline{X}-\frac{\sigma}{\sqrt{n}}\cdot\lambda，\overline{X}+\frac{\sigma}{\sqrt{n}}\cdot\lambda\right)$$

其中 $\lambda=u_{\frac{\alpha}{2}}$，$\alpha$ 为显著性水平，$u_{\frac{\alpha}{2}}$ 的值可通过查附表 1 获得。

当方差 σ^2 未知时，正态总体均值 μ 的区间估计为

$$\left(\overline{X}-\frac{S}{\sqrt{n}}\cdot\lambda，\overline{X}+\frac{S}{\sqrt{n}}\cdot\lambda\right)$$

其中 $\lambda=t_{\frac{\alpha}{2}}(n-1)$，$\alpha$ 为显著性水平，$t_{\frac{\alpha}{2}}(n-1)$ 的值可通过查附表 3 获得。

当均值 μ 已知时，正态总体方差 σ^2 的区间估计为

$$\left(\frac{(n-1)S^2}{\lambda_2}，\frac{(n-1)S^2}{\lambda_1}\right)$$

其中 $\lambda_1=\chi_{1-\frac{\alpha}{2}}^2(n-1)$，$\lambda_2=\chi_{\frac{\alpha}{2}}^2(n-1)$，$\alpha$ 为显著性水平，$\chi_{1-\frac{\alpha}{2}}^2(n-1)$，$\chi_{\frac{\alpha}{2}}^2(n-1)$ 的值可通过查附表 4 获得。

4. 假设检验的基本概念及计算简单的参数假设检验问题

（1）假设检验的基本思想：

① 对目标事件进行两种假设：H_0——目标事件是正确的，H_1——目标事件是错误的；

② 在 H_0 正确的假设下，构造一个事件 A，要求 A 在 H_0 的条件下发生的概率很小（构造一个小概率事件 A）；

③ 进行一次试验，如果 A 发生，则 H_0 的正确性很值得怀疑，因而拒绝 H_0，接受 H_1，认为目标事件是错误的；如果 A 没发生，则认为 H_0 是正确的，因而拒绝 H_1，接受 H_0 认为目标事件是正确的。

我们称 H_0 为原假设，H_1 为备择假设。

（2）计算简单的参数假设检验问题：

提出假设：

$$H_0: \mu = \mu_0; \quad H_1: \mu \neq \mu_0$$

① 当方差 σ^2 已知时，正态总体均值 μ 的假设检验：

H_0 的拒绝域为

$$(-\infty, -\lambda) \cup (\lambda, +\infty)$$

H_0 的接受域为

$$(-\lambda, \lambda)$$

其中 $\lambda = u_{\frac{\alpha}{2}}$，$\alpha$ 为显著性水平，$u_{\frac{\alpha}{2}}$ 的值可通过查附表 1 获得。

检验统计量为

$$U = \frac{\overline{X} - \mu}{\sigma / \sqrt{n}}$$

② 当方差 σ^2 未知时，正态总体均值 μ 的假设检验：

H_0 的拒绝域为

$$(-\infty, -\lambda) \cup (\lambda, +\infty)$$

H_0 的接受域为

$$(-\lambda, \lambda)$$

其中 $\lambda = t_{\frac{\alpha}{2}}(n-1)$，$\alpha$ 为显著性水平，$t_{\frac{\alpha}{2}}(n-1)$ 的值可通过查附表 3 获得。

检验统计量为

$$t = \frac{\overline{X} - \mu}{S / \sqrt{n}}$$

③ 当均值 μ 已知时，正态总体方差 σ^2 的假设检验：

H_0 的拒绝域为

$$(0, -\lambda_1) \cup (\lambda_2, +\infty)$$

H_0 的接受域为

$$(\lambda_1, \lambda_2)$$

其中 $\lambda_1 = \chi^2_{1-\frac{\alpha}{2}}(n-1)$，$\lambda_2 = \chi^2_{\frac{\alpha}{2}}(n-1)$，$\alpha$ 为显著性水平，$\chi^2_{1-\frac{\alpha}{2}}(n-1)$ 与 $\chi^2_{\frac{\alpha}{2}}(n-1)$ 的值可通过查附表 4 获得。

检验统计量为

$$\chi^2 = \frac{(n-1)S^2}{\sigma^2}$$

【阅读材料1】

大数定律及中心极限定理简介

频率的稳定性在前面的章节中已经提到。当进行大量重复试验时，事件 A 的频率会稳定在其概率附近，大数定律就是从理论上说明这一结果。正态分布是概率论中的一个重要分布，它有着非常广泛的应用。中心极限定理阐明，原本不是正态分布的一般随机变量总和的分布，在一定条件下可以渐近服从正态分布。这两类定理是概率统计中的基本理论，在概率统计中具有重要地位。

一、大数定律

伯努利大数定律　设 m 是 n 次独立重复试验中事件 A 发生的次数，p 是事件 A 发生的概率，则对任意的 $\varepsilon > 0$，有

$$\lim_{n \to \infty} P\left\{ \left| \frac{m}{n} - p \right| < \varepsilon \right\} = 1$$

伯努利大数定律说明，当试验次数 n 充分大时，"事件 A 发生的频率与事件 A 的概率之差小于一个任意小的正数"，这个事件是一个必然事件。也就是，以严格的定理形式论证了，对事件 A 进行大量重复试验时，事件 A 的概率是事件 A 的频率的稳定值。伯努利大数定律是最早的以严格的数学形式论证频率的稳定性的定理。在此之前，以事件 A 的频率稳定值来定义事件 A 的概率，其合理性一直是概率论这门学科悬而未决的根本性问题。伯努利大数定律的诞生解决了这一问题，为概率论的公理化体系奠定了理论基础。

切比雪夫大数定律　设 X_1，X_2，$\cdots$，X_n，$\cdots$ 是独立同分布随机变量序列，

$$E(X_i) = \mu, \quad D(X_i) = \sigma^2 \quad (i = 1, 2, \cdots)$$

均存在，则对于任意 $\varepsilon > 0$，有

$$\lim_{n \to \infty} P\left(\left| \frac{1}{n} \sum_{i=1}^{n} X_i - \mu \right| < \varepsilon \right) = 1$$

这一定理说明：对于独立同分布的随机变量 X_1，X_2，$\cdots$，X_n，$\cdots$，其算术平均值 $\overline{X} = \frac{1}{n} \sum_{i=1}^{n} X_i$ 具有一种稳定性。随着试验次数的增加，它的取值将接近于它的期望，这正是大数定律的含义。这一定理提供了寻找随机变量的数学期望的有效途径。

二、中心极限定理

在众多实际问题中，某一特定事件往往受诸多随机因素的叠加影响，如考虑种子的发芽问题。种子的发芽问题受很多随机因素的影响，如日照、雨水、温度、湿度、施肥人的施肥情况、肥料情况等等。所有这些不同随机因素是相互独立的，并且每一个因素在总影响

中所起的作用是微小的。人们更关注的是这些随机因素的总影响。

独立同分布序列的中心极限定理 设 $X_1, X_2, \cdots, X_n, \cdots$ 是独立同分布的随机变量，且具有相同的数学期望和方差

$$E(X_i)=\mu, D(X_i)=\sigma^2 \quad (i=1, 2, \cdots)$$

记随机变量

$$Y_n = \frac{\sum_{i=1}^n X_i - n\mu}{\sqrt{n}\sigma}$$

的分布函数为 $F_n(x)$，则对于任意实数 x，满足

$$\lim_{n\to\infty}F_n(x)=\lim_{n\to\infty}P\{Y_n\leqslant x\}=\lim_{n\to\infty}P\left\{\frac{\sum_{i=1}^n X_i - n\mu}{\sqrt{n}\sigma}\leqslant x\right\}=\int_{-\infty}^x \frac{1}{\sqrt{2\pi}}e^{-\frac{t^2}{2}}dt=\Phi(x)$$

其中 $\Phi(x)$ 为标准正态分布函数。

上述定理表明，当 n 充分大时，独立同分布的随机变量之和 $Z_n=\sum_{i=1}^n X_i$ 的分布近似于正态分布 $N(n\mu, n\sigma^2)$。

李雅普诺夫中心极限定理 设随机变量 $X_1, X_2, \cdots, X_n, \cdots$ 相互独立，具有期望和方差

$$E(X_i)=\mu_i, D(X_i)=\sigma_i^2\neq 0 \quad (i=1, 2, \cdots)$$

记 $B_n^2=\sum_{i=1}^n \sigma_i^2$，若存在 δ，使得当 $n\to\infty$ 时，有

$$\frac{1}{B_n^{2+\delta}}\sum_{i=1}^n E\{|X_i-\mu_i|^{2+\delta}\}\to 0$$

记随机变量

$$Y_n = \frac{\sum_{i=1}^n X_i - \sum_{i=1}^n \mu_i}{B_n}$$

的分布函数为 $F_n(x)$，则对于任意实数 x，满足

$$\lim_{n\to\infty}F_n(x)=\lim_{n\to\infty}P\left\{\frac{\sum_{i=1}^n X_i - \sum_{i=1}^n \mu_i}{B_n}\leqslant x\right\}=\int_{-\infty}^x \frac{1}{\sqrt{2\pi}}e^{-\frac{t^2}{2}}dt=\Phi(x)$$

这个定理告诉我们，当 n 充分大时，不论相互独立的随机变量 $X_1, X_2, \cdots, X_n, \cdots$ 服从什么分布，其和 $Z_n=\sum_{i=1}^n X_i$ 的分布近似于正态分布 $N(n\mu, n\sigma^2)$。

棣莫弗-拉普拉斯中心极限定理 设随机变量 $Y_n\sim B(n, p)$，Z_n 是 n 次独立重复试验中事件 A 发生的次数，p 是事件 A 发生的概率，则对于任意实数 x，有

$$\lim_{n \to \infty} P\left\{ \frac{Z_n - np}{\sqrt{npq}} \leqslant x \right\} = \int_{-\infty}^{x} \frac{1}{\sqrt{2\pi}} e^{-\frac{t^2}{2}} dt = \Phi(x)$$

其中 $q = 1 - p$，$\Phi(x)$ 为标准正态分布函数。

这个定理说明，正态分布是二项分布的极限分布，当 n 充分大时，Z_n 近似于正态分布 $N(np, npq)$。

某一特定事件往往受诸多随机因素的叠加影响，所有这些不同随机因素是相互独立的，并且每一个因素在总影响中所起的作用是微小的。中心极限定理告诉我们，这些随机因素的总影响一般都服从或近似服从正态分布。这也是正态分布在自然界极为常见的原因。

【阅读材料 2】

数学家雅各布·伯努利

1654 年 12 月 27 日，雅各布·伯努利出生于巴塞尔的一个商人世家，他毕业于巴塞尔大学，1671 年 17 岁时获艺术硕士学位。这里的艺术指"自由艺术"，包括算术、几何学、天文学、数理音乐和文法、修辞、雄辩术共 7 大门类。遵照父亲的愿望，他于 1676 年 22 岁时又取得了神学硕士学位。然而，他对数学有着浓厚的兴趣，因此，他违背父亲的意愿，自学了数学和天文学。

1676 年，他到日内瓦做家庭教师。从 1677 年起，他开始在那里写内容丰富的《沉思录》。1678 年和 1681 年，雅各布·伯努利两次外出旅行学习，到过法国、荷兰、英国和德国，接触和交往了许德、玻意耳、胡克、惠更斯等科学家，写有关于彗星理论(1682 年)、重力理论(1683 年)方面的科技文章。1687 年，雅各布在《教师学报》上发表数学论文《用两相互垂直的直线将三角形的面积四等分的方法》，同年成为巴塞尔大学的数学教授，直至 1705 年 8 月 16 日逝世，他一直执掌着巴塞尔大学的数学教席。

雅各布·伯努利对数学的最突出的贡献是在概率论和变分法这两个领域中。他在概率论方面的工作成果包含在他的论文《推测的艺术》之中，在这篇著作里，他提出了概率论中的"伯努利定理"，这是大数定律的最早形式，但是直到 1713 年这篇论文才得以出版，使这部经典著作的价值受到严重损害。由于"大数定律"的极端重要性，1913 年 12 月彼得堡科学院曾举行庆祝大会，纪念"大数定律"诞生 200 周年。除此之外，雅各布·伯努利在悬链线的研究中也作出过重要贡献，他还把这方面的成果用到了桥梁的设计之中。1694 年他首次给出直角坐标和极坐标下的曲率半径公式，这也是系统地使用极坐标的开始。他第一个提出把微积分技术运用到应用数学的广阔领域中去，"积分"一词也是 1690 年他首先使用的。

值得一提的是，伯努利家族是一个数学家辈出的家族。除了雅各布·伯努利外，在 17 至 18 世纪期间，伯努利家族共产生过 11 位数学家。其中比较著名的还有他的弟弟约翰·

伯努利(1667—1748 年)和侄子丹尼尔・伯努利(1700—1782 年,在概率论中引入正态分布误差理论,发表了第一个正态分布表)。而雅各布・伯努利是科学世家伯努利家族中第一位以数学研究成名的人。

伯努利家族中的人总是喜欢在学术问题上争执抗衡。例如,在寻找最速降线,即在重力的单独作用下一质点通过两定点的最短路径的问题上,雅各布・伯努利和他的弟弟约翰・伯努利就曾有过激烈的争论。而这一场严肃辩论的结果就诞生了变分法。

习　题　五

一、选择题

1. 设总体 X 服从 $[0,20]$ 上的均匀分布 $(\theta>0)$,$X_1,X_2,\cdots,X_n$ 是来自该总体的样本,$\overline{X}$ 为样本均值,则 θ 的矩估计 $\hat{\theta}=($ 　　 $)$。

A. $2\overline{X}$ 　　　　　B. $\overline{X}$ 　　　　　C. $\dfrac{\overline{X}}{2}$ 　　　　　D. $\dfrac{1}{2\overline{X}}$

2. 设总体 X 服从正态分布 $N(\mu,1)$,$X_1,X_2,\cdots,X_n$ 为来自该总体的样本,$\overline{X}$ 为样本均值,S 为样本标准差,欲检验假设 $H_0:\mu=\mu_0$,$H_1:\mu\neq\mu_0$,则检验用的统计量是$($ 　　 $)$。

A. $\dfrac{\overline{X}-\mu_0}{S/\sqrt{n}}$ 　　B. $\sqrt{n}(\overline{X}-\mu_0)$ 　　C. $\dfrac{\overline{X}-\mu_0}{S/\sqrt{n-1}}$ 　　D. $\sqrt{n-1}(\overline{X}-\mu_0)$

3. 对正态总体的数学期望 μ 进行假设检验,如果在显著水平 0.05 下接受 $H_0:\mu=\mu_0$,那么在显著水平 0.01 下,下列结论正确的是$($ 　　 $)$。

A. 不接受,也不拒绝 H_0 　　　　　　B. 可能接受 H_0,也可能拒绝

C. 必拒绝 H_0 　　　　　　　　　　　D. 必接受 H_0

二、填空题

1. 设总体 X 具有区间 $[0,\theta]$ 上的均匀分布 $(\theta>0)$,$X_1,X_2,\cdots,X_n$ 是来自该总体的样本,则 θ 的矩估计 $\hat{\theta}=$ _____。

2. 设总体 X 的概率密度为

$$f(x)=\begin{cases}\alpha e^{-\alpha x}, & x>0 \\ 0, & x\leqslant 0\end{cases}$$

$X_1,X_2,\cdots,X_n$ 为总体 X 的一个样本,则未知参数 α 的矩估计 $\hat{\alpha}=$ _____。

3. 设总体 X 服从参数为 λ 的泊松分布,其中 λ 为未知参数,$X_1,X_2,\cdots,X_n$ 为来自该总体的一个样本,则参数 λ 的矩估计量为 _____。

4. 假设总体 X 服从参数为 λ 的泊松分布,0.8、1.3、1.1、0.6、1.2 是来自总体 X 的样

本容量为 5 的简单随机样本，则 λ 的矩估计值为_____。

5. 设总体 X 服从参数为 $\lambda(\lambda>0)$ 的指数分布，其概率密度为

$$f(x)=\begin{cases}\lambda e^{-\lambda x}, & x>0 \\ 0, & x\leqslant 0\end{cases}$$

由来自总体 X 的一个样本 $X_1,X_2,\cdots,X_n$ 算得样本平均值 $\bar{x}=9$，则参数的矩估计 $\hat{\lambda}=$_____。

6. 设总体 X 服从参数为 $\lambda(\lambda>0)$ 的泊松分布 $X_1,X_2,\cdots,X_n$ 为 X 的一个样本，其样本均值 $\bar{x}=2$，则 λ 的矩估计值 $\hat{\lambda}=$_____。

7. 设总体 X 服从均匀分布 $U(\theta,2\theta)$，$X_1,X_2,\cdots,X_n$ 是来自该总体的样本，则 θ 的矩估计 $\hat{\theta}=$_____。

8. 某实验室对一批建筑材料进行抗断强度试验，已知这批材料的抗断强度 $X\sim N(\mu,0.09)$，现从中抽取容量为 9 的样本观测值，计算出样本平均值 $\bar{x}=8.54$，已知 $u_{0.025}=1.96$，则置信度为 0.95 时，μ 的置信区间为_____。

9. 由来自正态总体 $X\sim N(\mu,0.9^2)$、容量为 9 的简单随机样本得样本均值为 5，则来知参数 μ 的置信度为 0.95 的置信区间是_____。$(u_{0.025}=1.96,u_{0.05}=1.645)$

10. 设总体 $X\sim N(\mu,\sigma^2)$，其中 σ^2 未知，现由来自总体 X 的一个样本 $X_1,X_2,\cdots,X_n$，算得样本均值 $\bar{x}=10$，样本标准差 $s=3$，并查附表 3 得 $t_{0.025}(8)=2.3060$，则 μ 的置信度为 95% 的置信区间是_____。

11. 设 $X_1,X_2,\cdots,X_n$ 来自总体 X 的一个样本 $X\sim N(\mu,5^2)$，则 μ 的置信度为 0.90 的置信区间为_____。$(u_{0.05}=1.645)$

12. 由来自正态总体 $X\sim N(\mu,1^2)$ 容量为 100 的简单随机样本得样本均值为 10，则未知参数 μ 的置信度为 0.95 的置信区间是_____。$(u_{0.025}=1.96,u_{0.05}=1.645)$

13. 设样本 $X_1,X_2,\cdots,X_n$ 来自正态总体 $N(\mu,9)$，假设检验问题为 $H_0:\mu=0$，$H_1:\mu\neq0$，则在显著性水平 α 下，检验的拒绝域为_____，应该选用的检验统计量为_____。

14. 设总体 $X\sim N(\mu,\sigma^2)$，$X_1,X_2,\cdots,X_n$ 为来自该总体的一个样本，对假设检验问题 $H_0:\sigma^2=\sigma_0^2$，$H_1:\sigma^2\neq\sigma_0^2$，在 μ 未知的情况下，应该选用的检验统计量为_____。

15. 设样本 $X_1,X_2,\cdots,X_n$ 来自总体 $N(\mu,25)$，假设检验问题为 $H_0:\mu=\mu_0$，$H_1:\mu\neq\mu_0$，则检验统计量为_____。

三、计算题

1. 某医院新生女婴的体重（单位：g）情况如表 5-3 所示，试计算该样本的样本均值和样本方差。

表 5 – 3　新生女婴的体重情况

重量	2460	2620	2700	2880	2900	3000	3020	3040	3080	3100	3180	3200	3300	3420	3440	3500	3600	3880
频数	1	2	1	1	3	1	1	4	1	2	1	3	1	1	3	2	1	1

2. 设 $X_1, X_2, \cdots, X_n$ 为来自总体 X 的样本，总体 X 服从 $[0, \theta]$ 上的均匀分布，试求 θ 的矩估计 $\hat{\theta}$，并计算当样本值为 0.2, 0.3, 0.5, 0.1, 0.6, 0.3, 0.2, 0.2 时，$\hat{\theta}$ 的估计值。

3. 设总体 X 的概率密度为

$$f(x) = \begin{cases} \theta x^{-(\theta+1)}, & x > 0 \\ 0, & x \leq 0 \end{cases}$$

其中 $\theta > 0$，$X_1, X_2, \cdots, X_n$ 是来自该总体的样本，试求 θ 的矩估计 $\hat{\theta}$。

4. 设总体 X 的概率密度为

$$f(x) = \begin{cases} \dfrac{1}{\theta} e^{-\frac{x}{\theta}}, & x > 0 \\ 0, & x \leq 0 \end{cases}$$

其中 $\theta > 0$，$X_1, X_2, \cdots, X_n$ 为来自总体 X 的样本。求：

(1) $E(X)$；

(2) 未知参数 θ 的矩估计 $\hat{\theta}$。

5. 设工厂生产的螺钉长度（单位：mm）$X \sim N(\mu, \sigma^2)$，现从一大批螺钉中任取 6 个，测得长度分别为

$$55, 54, 54, 53, 54, 54$$

试求方差的置信度 90% 的置信区间。($\chi^2_{0.05}(5) = 11.070$, $\chi^2_{0.95}(5) = 1.145$)

6. 用传统工艺加工某种水果罐头，每瓶中维生素 C 的含量为 X（单位：mg）。设 $X \sim N(\mu, \sigma^2)$，其中 μ、σ^2 均未知。现抽查 16 瓶罐头进行测试，测得维生素 C 的平均含量为 20.80 mg，样本标准差为 1.60 mg，试求 μ 的置信度 95% 置信区间。($t_{0.025}(15) = 2.1315$, $t_{0.025}(16) = 2.1199$)

7. 一台自动车床加工的零件长度 X（单位：cm）服从正态分布 $N(\mu, \sigma^2)$，从该车床加工的零件中随机抽取 4 个，测得样本方差 $s^2 = \dfrac{2}{15}$，试求：总体方差的置信度为 95% 的置信区间。($\chi^2_{0.025}(3) = 9.348$, $\chi^2_{0.975}(3) = 0.216$, $\chi^2_{0.025}(4) = 11.143$, $\chi^2_{0.975}(4) = 0.484$)

8. 某生产车间随机抽取 9 件同型号的产品进行直径测量，得到结果如下：

$$21.54, 21.63, 21.62, 21.96, 21.42, 21.57, 21.63, 21.55, 21.48$$

根据长期经验，该产品的直径服从正态分布 $X \sim N(\mu, 0.9^2)$，试求该产品的直径 μ 的置信度为 0.95 的置信区间。($u_{0.025} = 1.96$, $u_{0.05} = 1.645$，精确到小数点后三位）

9. 设某批建筑材料的抗弯强度 $X \sim N(\mu, 0.04)$，现从中抽取容量为 16 的样本，测得样本均值 $\bar{x}=43$，求 μ 的置信度为 0.95 的置信区间。($u_{0.025}=1.96$)

10. 假设某校考生数学成绩服从正态分布，随机抽取 25 位考生的数学成绩，算得平均成绩 $\bar{x}=61$ 分，标准差 $s=15$ 分，问：在显著性水平 0.05 下是否可以认为全体考生的数学平均成绩为 70 分？($t_{0.025}(24)=2.0639$)

11. 假设某城市购房业主的年龄服从正态分布，根据长期统计资料表明业主年龄 $X \sim N(35, 5^2)$，随机抽取 400 名业主进行统计调研，业主平均年龄为 30 岁。问：在 $\alpha=0.01$ 下检验业主年龄是否显著减小？($u_{0.01}=2.32$，$u_{0.005}=2.58$)

12. 某日从饮料生产线随机抽取 16 瓶饮料，分别测得质量(单位：g)后算出样本均值 $\bar{x}=502.92$，及样本标准差 $s=12$。假设瓶装饮料的质量服从正态分布 $X \sim N(\mu, \sigma^2)$ 其中 σ^2 未知，问：该日生产的瓶装饮料的平均质量是否为 500 g？($\alpha=0.05$，$t_{0.025}(15)=2.1315$)

13. 设某商场的日营业额为 X 万元，已知在正常情况下 X 服从正态分布 $X \sim N(3.864, 0.2)$。十一黄金周前五天的营业额(单位：万元)分别为 4.28，4.40，4.42，4.35，4.37。假设标准差不变，问：十一黄金周是否显著增加了商场的营业额？($\alpha=0.01$，$u_{0.01}=2.32$，$u_{0.005}=2.58$)

14. 设某厂生产的食盐的袋装重量(单位：g)服从正态 $N(\mu, \sigma^2)$，已知 $\sigma^2=9$。在生产过程中随机抽取 16 袋食盐，测得平均袋装质量 $\bar{x}=496$。问：在显著性水平下，是否可以认为该厂生产的袋装食盐的平均质量为 500 g？($u_{0.025}=1.96$)

15. 某城市每天因交通事故伤亡的人数服从泊松分布，根据长期统计资料，每天伤亡人数均值为 3 人。近一年来，采用交通管理措施，据 300 天的统计，每天平均伤亡人数为 2.7 人，问：能否认为每天平均伤亡人数显著减少？($u_{0.025}=1.96$，$u_{0.005}=2.58$)

16. 已知某厂生产的一种元件，其寿命服从均值 $\mu_0=120$，方差 $\sigma_0^2=9$ 的正态分布，现采用一种新工艺生产该种元件，并随机取 16 个元件，测得样本均值 $\bar{x}=123$，从生产情况看，寿命波动无变化，试判断采用新工艺生产的元件平均寿命较以往有无显著变化。($\alpha=0.05$，$u_{0.025}=1.96$)

17. 某公司对产品价格进行市场调查，如果顾客估价的调查结果与公司定价有较大差异，则需要调整产品定价，假定顾客对产品估价为 X 元，根据以往长期统计资料表明顾客对产品估价 $X \sim N(35, 10^2)$，所以公司定价为 35 元。今年随机抽取 400 个顾客进行统计调查，平均估价为 31 元。在 $\alpha=0.01$ 下检验估价是否显著减小，是否需要调整产品价格。($u_{0.01}=2.32$，$u_{0.005}=2.58$)

18. 设某厂生产的零件长度(单位：mm)$X \sim N(\mu, \sigma^2)$，现从生产出的一批零件中随机抽取了 16 件，经测量并算得零件长度的平均值 $\bar{x}=1960$，标准差 $s=120$，如果 σ^2 未知，在显著水平 $\alpha=0.05$ 下，是否可以认为该厂生产的零件的平均长度是 2050 mm？($t_{0.025}(15)=2.1315$)

附录一　概率用表

标准正态分布表见附表 1。

附表 1　$\Phi(x) = \dfrac{1}{\sqrt{2\pi}} \displaystyle\int_{-\infty}^{x} e^{-\frac{t^2}{2}} dt \quad (-\infty < x < +\infty)$

x	0.00	0.01	0.02	0.03	0.04	0.05	0.06	0.07	0.08	0.09
0.0	0.5000	0.5040	0.5080	0.5120	0.5160	0.5199	0.5239	0.5279	0.5319	0.5359
0.1	0.5398	0.5438	0.5478	0.5517	0.5557	0.5596	0.5636	0.5675	0.5714	0.5753
0.2	0.5793	0.5832	0.5871	0.5910	0.5948	0.5987	0.6026	0.6064	0.6103	0.6141
0.3	0.6179	0.6217	0.6255	0.6293	0.6331	0.6368	0.6406	0.6643	0.6480	0.6517
0.4	0.6554	0.6591	0.6628	0.6664	0.6700	0.6736	0.6772	0.6808	0.6844	0.6879
0.5	0.6915	0.6950	0.6985	0.7019	0.7054	0.7088	0.7123	0.7157	0.7190	0.7224
0.6	0.7257	0.7291	0.7324	0.7357	0.7389	0.7422	0.7454	0.7486	0.7517	0.7549
0.7	0.7580	0.7611	0.7642	0.7673	0.7703	0.7734	0.7764	0.7794	0.7823	0.7852
0.8	0.7881	0.7910	0.7939	0.7967	0.7995	0.8023	0.8051	0.8078	0.8106	0.8133
0.9	0.8159	0.8186	0.8212	0.8238	0.8264	0.8289	0.8315	0.8340	0.8365	0.8389
1.0	0.8413	0.8438	0.8461	0.8485	0.8508	0.8531	0.8554	0.8577	0.8599	0.8621
1.1	0.8643	0.8665	0.8686	0.8708	0.8729	0.8749	0.8770	0.8790	0.8810	0.8830
1.2	0.8849	0.8869	0.8888	0.8907	0.8925	0.8944	0.8962	0.8980	0.8997	0.9015
1.3	0.9032	0.9049	0.9066	0.9082	0.9099	0.9115	0.9131	0.9147	0.9162	0.9177
1.4	0.9192	0.9207	0.9222	0.9236	0.9251	0.9265	0.9278	0.9292	0.9306	0.9319
1.5	0.9332	0.9345	0.9357	0.9370	0.9382	0.9394	0.9406	0.9418	0.9430	0.9441
1.6	0.9452	0.9463	0.9474	0.9484	0.9495	0.9505	0.9515	0.9525	0.9535	0.9545
1.7	0.9554	0.9564	0.9573	0.9582	0.9591	0.9599	0.9608	0.9616	0.9625	0.9633

x	0.00	0.01	0.02	0.03	0.04	0.05	0.06	0.07	0.08	0.09
1.8	0.9641	0.9648	0.9656	0.9664	0.9671	0.9678	0.9686	0.9693	0.9700	0.9706
1.9	0.9713	0.9719	0.9726	0.9732	0.9738	0.9744	0.9750	0.9756	0.9762	0.9767
2.0	0.9772	0.9778	0.9783	0.9788	0.9793	0.9798	0.9803	0.9808	0.9812	0.9817
2.1	0.9821	0.9826	0.9830	0.9834	0.9838	0.9842	0.9846	0.9850	0.9854	0.9857
2.2	0.9861	0.9864	0.9868	0.9871	0.9874	0.9878	0.9881	0.9884	0.9887	0.9890
2.3	0.9893	0.9896	0.9898	0.9901	0.9904	0.9906	0.9909	0.9911	0.9913	0.9916
2.4	0.9918	0.9920	0.9922	0.9925	0.9927	0.9929	0.9931	0.9932	0.9934	0.9936
2.5	0.9938	0.9940	0.9941	0.9943	0.9945	0.9946	0.9948	0.9949	0.9951	0.9952
2.6	0.9953	0.9955	0.9956	0.9957	0.9959	0.9960	0.9961	0.9962	0.9963	0.9964
2.7	0.9965	0.9966	0.9967	0.9968	0.9969	0.9970	0.9971	0.9972	0.9973	0.9974
2.8	0.9974	0.9975	0.9976	0.9977	0.9977	0.9978	0.9979	0.9979	0.9980	0.9981
2.9	0.9981	0.9982	0.9982	0.9983	0.9984	0.9984	0.9985	0.9985	0.9986	0.9986
3.0	0.9987	0.9990	0.9993	0.9995	0.9997	0.9998	0.9998	0.9999	0.9999	1.0000

注：最后一行自左至右依次是 $\Phi(3.0)$，…，$\Phi(3.9)$ 的值。

泊松分布表见附表 2。

$$\text{附表 2}\quad P\{X=k\}=\frac{\lambda^k e^{-\lambda}}{k!}$$

k	λ													
	0.1	0.2	0.3	0.4	0.5	0.6	0.7	0.8	0.9	1.0	1.5	2.0	2.5	3.0
0	0.9048	0.8187	0.7408	0.6703	0.6065	0.5488	0.4966	0.4493	0.4066	0.3679	0.2231	0.1353	0.0821	0.0498
1	0.0905	0.1637	0.2223	0.2681	0.3033	0.3293	0.3476	0.3595	0.3659	0.3679	0.3347	0.2707	0.2052	0.1494
2	0.0045	0.0164	0.0333	0.0536	0.0758	0.0988	0.1214	0.1438	0.1647	0.1839	0.2510	0.2707	0.2565	0.2240
3	0.0002	0.0011	0.0033	0.0072	0.0126	0.0198	0.0284	0.0383	0.0496	0.0613	0.1255	0.1805	0.2138	0.2240
4		0.0001	0.0003	0.0007	0.0016	0.0030	0.0050	0.0077	0.0111	0.0153	0.0471	0.0902	0.1336	0.1681
5				0.0001	0.0002	0.0003	0.0007	0.0012	0.0020	0.0031	0.0141	0.0361	0.0668	0.1008
6							0.0001	0.0002	0.0003	0.0005	0.0035	0.0120	0.0278	0.0504

续表

k	λ													
	0.1	0.2	0.3	0.4	0.5	0.6	0.7	0.8	0.9	1.0	1.5	2.0	2.5	3.0
7										0.0001	0.0008	0.0034	0.0099	0.0216
8											0.0002	0.0009	0.0031	0.0081
9												0.0002	0.009	0.0027
10													0.0002	0.0008
11													0.0001	0.0002
12														0.0001

t 分布表见附表 3。

附表 3　$P\{t(n) > t_\alpha(n)\} = \alpha$

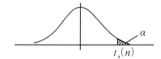

n	$\alpha = 0.20$	$\alpha = 0.15$	$\alpha = 0.10$	$\alpha = 0.05$	$\alpha = 0.025$	$\alpha = 0.01$	$\alpha = 0.005$
1	1.376	1.963	3.0777	6.3138	12.7062	31.8207	63.6574
2	1.061	1.386	1.8856	2.9200	4.3027	6.9646	9.9248
3	0.978	1.250	1.6377	2.3534	3.1824	4.5407	5.8409
4	0.941	1.190	1.5332	2.1318	2.7764	3.7469	4.6041
5	0.920	1.156	1.4759	2.0150	2.5706	3.3649	4.0322
6	0.906	1.134	1.4398	1.9432	2.4469	3.1427	3.7074
7	0.896	1.119	1.4149	1.8946	2.3646	2.9980	3.4995
8	0.889	1.108	1.3968	1.8595	2.3060	2.8965	3.3554
9	0.883	1.100	1.3830	1.8331	2.2622	2.8214	3.2498
10	0.879	1.093	1.3722	1.8125	2.2281	2.7638	3.1693
11	0.876	1.088	1.3634	1.7959	2.2010	2.7181	3.1058
12	0.873	1.083	1.3562	1.7823	2.1788	2.6810	3.0545
13	0.870	1.079	1.3502	1.7709	2.1604	2.6503	3.0123
14	0.868	1.076	1.3450	1.7613	2.1448	2.6245	2.9768

n	$\alpha=0.20$	$\alpha=0.15$	$\alpha=0.10$	$\alpha=0.05$	$\alpha=0.025$	$\alpha=0.01$	$\alpha=0.005$
15	0.866	1.074	1.3406	1.7531	2.1315	2.6025	2.9467
16	0.865	1.071	1.3368	1.7459	2.1199	2.5835	2.9208
17	0.863	1.069	1.3334	1.7396	2.1098	2.5669	2.8982
18	0.862	1.067	1.3304	1.7341	2.1009	2.5524	2.8784
19	0.861	1.066	1.3277	1.7291	2.0930	2.5395	2.8609
20	0.860	1.064	1.3253	1.7247	2.0860	2.5280	2.8453
21	0.859	1.063	1.3232	1.7207	2.0796	2.5177	2.8314
22	0.858	1.061	1.3212	1.7171	2.0739	2.5083	2.8188
23	0.858	1.060	1.3195	1.7139	2.0687	2.4999	2.8073
24	0.857	1.059	1.3178	1.7109	2.0639	2.4922	2.7969
25	0.856	1.058	1.3163	1.7081	2.0595	2.4851	2.7874
26	0.856	1.058	1.3150	1.7056	2.0555	2.4786	2.7787
27	0.855	1.057	1.3137	1.7033	2.0518	2.4727	2.7707
28	0.855	1.056	1.3125	1.7011	2.0484	2.4671	2.7633
29	0.854	1.055	1.3114	1.6991	2.0452	2.4620	2.7564
30	0.854	1.055	1.3104	1.6973	2.0423	2.4573	2.7500
31	0.8535	1.0541	1.3095	1.6955	2.0395	2.4528	2.7440
32	0.8531	1.0536	1.3086	1.6939	2.0369	2.4487	2.7385
33	0.8527	1.0531	1.3077	1.6924	2.0345	2.4448	2.7333
34	0.8524	1.0526	1.3070	1.6909	2.0322	2.4411	2.7284
35	0.8521	1.0521	1.3062	1.6896	2.0301	2.4377	2.7238
36	0.8518	1.0516	1.3055	1.6883	2.0281	2.4345	2.7195
37	0.8515	1.0512	1.3049	1.6871	2.0262	2.4314	2.7154
38	0.8512	1.0508	1.3042	1.6860	2.0244	2.4286	2.7116
39	0.8510	1.0504	1.3036	1.6849	2.0227	2.4258	2.7079
40	0.8507	1.0501	1.3031	1.6839	2.0211	2.4233	2.7045

n	$\alpha=0.20$	$\alpha=0.15$	$\alpha=0.10$	$\alpha=0.05$	$\alpha=0.025$	$\alpha=0.01$	$\alpha=0.005$
41	0.8505	1.0498	1.3025	1.6829	2.0195	2.4208	2.7012
42	0.8503	1.0494	1.3020	1.6820	2.0181	2.4185	2.6981
43	0.8501	1.0491	1.3016	1.6811	2.0167	2.4163	2.6951
44	0.8499	1.0488	1.3011	1.6802	2.0154	2.4141	2.6923
45	0.8497	1.0485	1.3006	1.6794	2.0141	2.4121	2.6896

χ^2 分布表见附表 4。

附表 4　$P\{\chi^2(n)>\chi_\alpha^2(n)\}=\alpha$

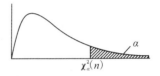

$\chi_\alpha^2(n)$

n	$\alpha=0.995$	$\alpha=0.99$	$\alpha=0.975$	$\alpha=0.95$	$\alpha=0.90$	$\alpha=0.10$	$\alpha=0.05$	$\alpha=0.025$	$\alpha=0.01$	$\alpha=0.005$
1	0.000	0.000	0.001	0.004	0.016	2.706	3.843	5.025	6.637	7.882
2	0.010	0.020	0.051	0.103	0.211	4.605	5.992	7.378	9.210	10.597
3	0.072	0.115	0.216	0.352	0.584	6.251	7.815	9.348	11.344	12.837
4	0.207	0.297	0.484	0.711	1.064	7.779	9.488	11.143	13.277	14.860
5	0.412	0.554	0.831	1.145	1.610	9.236	11.070	12.832	15.085	16.748
6	0.676	0.872	1.237	1.635	2.204	10.645	12.592	14.440	16.812	18.548
7	0.989	1.239	1.690	2.167	2.833	12.017	14.067	16.012	18.474	20.276
8	1.344	1.646	2.180	2.733	3.490	13.362	15.507	17.534	20.090	21.954
9	1.735	2.088	2.700	3.325	4.168	14.684	16.919	19.022	21.665	23.587
10	2.156	2.558	3.247	3.940	4.865	15.987	18.307	20.483	23.209	25.188
11	2.603	3.053	3.816	4.575	5.578	17.275	19.675	21.920	24.724	26.755
12	3.074	3.571	4.404	5.226	6.304	18.549	21.026	23.337	26.217	28.300
13	3.565	4.107	5.009	5.892	7.041	19.812	22.362	24.735	27.687	29.817
14	4.075	4.660	5.629	6.571	7.790	21.064	23.685	26.119	29.141	31.319
15	4.600	5.229	6.262	7.261	8.547	22.307	24.996	27.488	30.577	32.799

n	$\alpha=0.995$	$\alpha=0.99$	$\alpha=0.975$	$\alpha=0.95$	$\alpha=0.90$	$\alpha=0.10$	$\alpha=0.05$	$\alpha=0.025$	$\alpha=0.01$	$\alpha=0.005$
16	5.142	5.812	6.908	7.962	9.312	23.542	26.296	28.845	32.000	34.267
17	5.697	6.407	7.564	8.682	10.085	24.769	27.587	30.190	33.408	35.716
18	6.265	7.015	8.231	9.390	10.865	25.989	28.869	31.526	34.805	37.156
19	6.843	7.632	8.906	10.117	11.651	27.203	30.143	32.852	36.190	38.580
20	7.434	8.260	9.591	10.851	12.443	28.412	31.410	34.170	37.566	39.997
21	8.033	8.897	10.283	11.591	13.240	29.615	32.670	35.478	38.930	41.399
22	8.643	9.542	10.982	12.338	14.042	30.813	33.924	36.781	40.289	42.796
23	9.260	10.195	11.688	13.090	14.848	32.007	35.172	38.075	41.637	44.179
24	9.886	10.856	12.401	13.848	15.659	33.196	36.415	39.364	42.980	45.558
25	10.519	11.523	13.120	14.611	16.473	34.381	37.652	40.646	44.313	46.925
26	11.160	12.198	13.844	15.379	17.292	35.563	38.885	41.923	45.642	48.290
27	11.807	12.878	14.573	16.151	18.114	36.741	40.113	43.194	46.962	49.642
28	12.461	13.565	15.308	16.928	18.939	37.916	41.337	44.461	48.278	50.993
29	13.120	14.256	16.147	17.708	19.768	39.087	42.557	45.722	49.586	52.333
30	13.787	14.954	16.791	18.493	20.599	40.256	43.773	46.979	50.892	53.672
31	14.457	15.655	17.538	19.280	21.433	41.422	44.985	48.231	52.190	55.000
32	15.134	16.362	18.291	20.072	22.271	42.585	46.194	49.480	53.486	56.328
33	15.814	17.073	19.046	20.866	23.110	43.745	47.400	50.724	54.774	57.646
34	16.501	17.789	19.806	21.664	23.952	44.903	48.602	51.966	56.061	58.964
35	17.191	18.508	20.569	22.465	24.796	46.059	49.802	53.203	57.340	60.272
36	17.887	19.233	21.336	23.269	25.643	47.212	50.998	54.437	58.619	61.581
37	18.584	19.960	22.105	24.075	26.492	48.363	52.192	55.667	59.891	62.880
38	19.289	20.691	22.878	24.884	27.343	49.513	53.384	56.896	61.162	64.181
39	19.994	21.425	23.654	25.695	28.196	50.660	54.572	58.119	62.426	65.473
40	20.706	22.164	24.433	26.509	29.050	51.805	55.758	59.342	63.691	66.766

注：当 $n>40$ 时，$\chi_\alpha^2(n)\approx\dfrac{1}{2}(z_\alpha+\sqrt{2n-1})^2$。

附录二　习题参考答案

习　题　一

一、选择题

1. C　2. A　3. A　4. A　5. B　6. D　7. A　8. C　9. B　10. B

二、填空题

1. (1) A；(2) ABC；(3) $\overline{A}\,\overline{B}\,\overline{C}$；(4) $\overline{ABC}$；(5) $\overline{A}(B\bigcup C)$；(6) $A\bigcup B\bigcup C$；

(7) $A\overline{B}\,\overline{C}\bigcup\overline{A}\,B\overline{C}\bigcup\overline{A}\,\overline{B}\,C$；(8) $AB\bigcup BC\bigcup AC$；(9) $\overline{A}\,\overline{B}\,C\bigcup A\overline{B}\,\overline{C}\bigcup\overline{A}\,B\overline{C}\bigcup\overline{A}\,\overline{B}\,C$

2. (1) ×；(2) ×；(3) ×；(4) √；(5) √；(6) √；(7) ×；(8) √

3. $\dfrac{6}{7}$

三、计算题

1. (1) $w_i=\{发现点数为\ i\}(i=1,\ 2,\ \cdots,\ 6)$，$\Omega=\{w_1,\ w_2,\ \cdots,\ w_6\}$；

(2) $A=\{w_2,\ w_4,\ w_6\}$，$B=\{w_3,\ w_6\}$；

(3) $\overline{A}=\{w_1,\ w_3,\ w_5\}$，$\overline{B}=\{w_1,\ w_2,\ w_4,\ w_5\}$，$A\bigcup B=\{w_2,\ w_3,\ w_4,\ w_6\}$，

$AB=\{w_6\}$，$\overline{A\bigcup B}=\{w_1,\ w_5\}$

2. (1) $\dfrac{C_M^m C_{N-M}^{n-m}}{C_N^n}$；(2) $C_n^m A_M^m A_{N-M}^n$　或　$\dfrac{C_M^m C_{N-M}^{n-m}}{C_N^n}$；(3) $C_n^m\left(\dfrac{M}{N}\right)^m\left(1-\dfrac{M}{N}\right)^{n-m}$

3. (1) 0.56；(2) 0.94；(3) 0.38

4. (1) 0.2；(2) 0.7

5. $\dfrac{1}{4}$

6. (1) 0.68；(2) $\dfrac{1}{4}+\dfrac{1}{2}\ln 2$

7. (1) 0.027 02；(2) 0.3077

8. 0.998

9. 0.057

10. 0.124

11. 11

12. 略

13. 0.6

14. (1) $\dfrac{C_6^2 9^4}{10^6}$；(2) $\dfrac{A_{10}^6}{10^6}$；(3) $\dfrac{C_{10}^1 C_6^2 (C_4^3 C_9^1 C_8^1 + C_9^1 + A_9^4)}{10^6}$；(4) $1 - \dfrac{A_{10}^6}{10^6}$

15. (1) $\dfrac{1}{n-1}$；(2) $\dfrac{3!(n-3)!}{(n-1)!}$ $(n > 3)$；(3) $\dfrac{3!(n-2)!}{n!}$ $(n \geqslant 3)$

16. 略

17. $\dfrac{1}{4}$

18. $\dfrac{3}{8}$，$\dfrac{9}{16}$，$\dfrac{1}{16}$

19. (1) 0.4；(2) 0.4；(3) 0.4

20. $\dfrac{1}{2}\left[1-(1-2p)^n\right]$

21. $3p^2(1-p)^2$

习 题 二

一、选择题

1. B　2. A　3. A　4. B　5. A　6. C　7. D　8. C　9. C　10. B

二、填空题

1. $\dfrac{9}{22}$　2. $N(0,1)$　3. 2　4. $P\{X = k\} = \left(\dfrac{1}{5}\right)^{k-1} \dfrac{4}{5}$ $(k = 1, 2, \cdots)$

5. $\dfrac{53}{56}$　6. $3e^{-3x}$　7. 0.8025　8. $\dfrac{3}{5}$　9. $1 - e^{-12}$　10. 0.8185

三、计算题

1.

X	20	5	0
p_k	0.0002	0.0010	0.9988

2.

X	3	4	5
p_k	0.1	0.3	0.6

3. (1)

X	1	2	3	…
p_k	$\dfrac{1}{3}$	$\dfrac{1}{3}\left(\dfrac{2}{3}\right)$	$\dfrac{1}{3}\left(\dfrac{2}{3}\right)^2$	…

(2)

Y	1	2	3
p_k	$\dfrac{1}{3}$	$\dfrac{1}{3}$	$\dfrac{1}{3}$

4. (1) $P\{X=k\}=C_5^k 0.25^k 0.75^{5-k}$　　$(k=0,1,2,3,4,5)$;

(2) 0.1035

5. 第一种方案

6. $F(x)=\begin{cases}0, & x<-1 \\ 0.3, & -1\leqslant x<0 \\ 0.8, & 0\leqslant x<1 \\ 1, & x\geqslant 1\end{cases}$

7. (1) $\dfrac{7}{12}$;　(2) $\dfrac{5}{6}$;　(3) $\dfrac{1}{4}$

8. $F(x)=\begin{cases}0, & x<2 \\ \dfrac{x-2}{5}, & 2\leqslant x<7 \\ 1, & x\geqslant 7\end{cases}$

9. (1) $A=\dfrac{1}{\pi}$;　(2) $\dfrac{1}{3}$

10. $F(x)=\begin{cases}0, & x<0 \\ \dfrac{x^2}{2}, & 0\leqslant x<1 \\ -\dfrac{x^2}{2}+2x-1, & 1\leqslant x<2 \\ 1, & x\geqslant 2\end{cases}$

11. 0.8

12. 0.9502

13. (1) 0.8413;　(2) 能

14. 189 cm

15.

Y	-1	1	7
p_k	0.2	0.4	0.4

$$F_Y(y)=\begin{cases}0, & y<-1\\ 0.2, & -1\leqslant y<1\\ 0.6, & 1\leqslant y<7\\ 1, & y\geqslant 7\end{cases}$$

16. $f_Y(y)=\begin{cases}\dfrac{3}{4}(y-1)(3-y), & 1<y<3\\ 0, & 其他\end{cases}$

习 题 三

一、选择题

1. C　2. D　3. A　4. C　5. B　6. C　7. A　8. D　9. A　10. B　11. D　12. D
13. C　14. C　15. C

二、填空题

1. $\dfrac{7}{30}$　2. $\dfrac{1}{2}$　3. $\dfrac{1}{3}x+\dfrac{1}{6}$　4. e^{-y}　5. $\dfrac{15}{64}$, 0, $\dfrac{1}{2}$　6. 0.3　7. $\dfrac{3}{5}$, $\dfrac{1}{3}$, $\dfrac{3}{5}$

8. $N(0, 13)$

三、计算题

1. (1)

X＼Y	1	2
0	0.1	0.15
1	0.3	0.45

(2)

X＼Y	0	1	2
P	0.25	0.3	0.45

2. (1)

X \ Y	-1	0	1
0	$\dfrac{1}{4}$	0	$\dfrac{1}{4}$
1	0	$\dfrac{1}{2}$	0

(2) 由于 $P_{21}=0\neq0.5\times0.5$，因此 X 与 Y 不相互独立

3. (1) 0.3；

(2)

X	1	2
P	0.4	0.6

Y	0	1	2
P	0.4	0.3	0.3

(3) $P\{X=1,Y=1\}=0.2\neq P\{X=1\}P\{Y=1\}=0.5\times0.5$，故 X 与 Y 不相互独立；

(4)

$X+Y$	1	2	3	4
P	0.1	0.5	0.2	0.2

4. (1) $A=\dfrac{1}{2}$；

(2) $F(x,y)=\begin{cases}(1-\mathrm{e}^{-x})(1-\mathrm{e}^{-y}), & x>0,\ y>0 \\ 0, & \text{其他}\end{cases}$；

(3) $P\{(X,Y)\}=\iint\limits_{D}f(x,y)\,\mathrm{d}x\,\mathrm{d}y=\int_{0}^{1}\mathrm{d}x\int_{0}^{1-x}\mathrm{e}^{-x}\,\mathrm{e}^{-y}\,\mathrm{d}y=1-\dfrac{2}{\mathrm{e}}$

5. (1) $c=\dfrac{1}{4}$；

(2) $f_X(x)=\dfrac{1}{2}x,\ f_Y(y)=\dfrac{1}{2}y$；

(3) $f_X(x)f_Y(y)=\dfrac{1}{4}xy=f(x,y)$，故 X 与 Y 相互独立；

(4) $\dfrac{15}{16}$

习 题 四

一、选择题

1. D 2. B 3. C 4. B 5. D 6. B 7. B 8. D 9. B 10. B 11. C

12. C 13. B 14. D

二、填空题

1. $\dfrac{2}{3}$ 2. -8 3. $\dfrac{5}{3}$ 4. $-\dfrac{1}{2}$ 5. 4 6. 0.16 7. 1 8. $\dfrac{4}{9}$ 9. 5 10. 4

11. 8 12. 9 13. 0.8 14. $-\dfrac{13}{24}$ 15. 1 16. 0 17. 5 18. 18

三、计算题

1. $\dfrac{11}{8}$；$\dfrac{31}{8}$；$-\dfrac{7}{4}$

2. 1；$\dfrac{1}{6}$

3. (1) $\dfrac{2}{3}$，$\dfrac{4}{3}$；　(2) $\dfrac{1}{18}$，$\dfrac{42}{9}$；　(3) 0

4. (1) $\dfrac{4}{3}$，$\dfrac{2}{9}$；　(2) 2；　(3) $\dfrac{1}{4}$

5. $\dfrac{1}{12}$

6. 33.64 元

习 题 五

一、选择题

1. B 2. B 3. D

二、填空题

1. $2\bar{x}$ 2. $\dfrac{n}{\sum\limits_{i=1}^{n} x_i}$ 3. $\dfrac{1}{n}\sum\limits_{i=1}^{n} x_i$ 4. 1 5. $\dfrac{1}{9}$ 6. 2 7. $\dfrac{2}{3}\bar{x}$ 8. (8.344，8.736)

9. (4.412，5.588) 10. (7.7, 12.3) 11. 3.29 12. (9.804，10.136)

13. $\{|U|>U_{\frac{a}{2}}\}$，$U=\dfrac{\sqrt{n}}{3}\bar{x}$ 14. $\chi^2=\dfrac{(n-1)S^2}{\sigma_0^2}$ 15. $\dfrac{\sqrt{n}}{5}(\bar{x}-u_0)$

三、简答题

1. 3124.67；100543　2. 0.6　3. $\dfrac{\bar{x}}{\bar{x}-1}$　4. (1) $E(X)=\theta$；(2) $\bar{x}$

5. (0.1807，1.7391)　6. (19.95，21.65)　7. (0.0429，1.8519)　8. (21.012，22.188)

9. (42.902，43.098)

10. 假设 $H_0:\mu=\mu_0=70$，拒绝 H_0，即不可认为平均成绩为 70 分

11. 假设 $H_0:\mu=\mu_0=35$，$H_1:\mu<\mu_0=35$，拒绝 H_0，即业主年龄显著减小

12. 假设 $H_0:\mu=\mu_0=500$，接受 H_0，即可认为平均重量为 500 克

13. 假设 $H_0:\mu\leqslant3.864$，$H_1:\mu>3.864$，拒绝 H_0，即认为营业额显著增加了

14. 假设 $H_0:\mu=\mu_0=500$，拒绝 H_0，即不可认为平均重量为 500 克

15. 假设 $H_0:\mu=\mu_0=3$，$H_1:\mu<\mu_0=3$，拒绝 H_0，即认为平均伤亡数显著减少

16. 假设 $H_0:\mu=\mu_0=120$，$H_1:\mu\neq\mu_0=120$，拒绝 H_0，即认为平均寿命有显著变化

17. 假设 $H_0:\mu=\mu_0=35$，$H_1:\mu<\mu_0=35$，拒绝 H_0，即认为需调整价格，降低定价

18. 假设 $H_0:\mu=\mu_0=2050$，$H_1:\mu\neq\mu_0=2050$，拒绝 H_0，即不可认为平均长度是 2050 mm

参 考 文 献

[1]　韩旭里,谢永钦. 概率论与数理统计[M]. 3 版. 上海:复旦大学出版社,2016.

[2]　刘建新,史志仙. 概率论与数理统计[M]. 北京:高等教育出版社,2016.

[3]　黄志祥. 概率论与数理统计[M]. 苏州:苏州大学出版社,2013.

[4]　宋立温,宋学林. 概率论与数理统计[M]. 2 版. 北京:中国传媒大学出版社,2017.

[5]　韩旭里,谢永钦. 概率论与数理统计[M]. 北京:北京大学出版社,2018.

[6]　谷伟平. 概率论与数理统计[M]. 西安:西北工业大学出版社,2018.

[7]　哈金才,秦传东,范亚静. 概率论与数理统计[M]. 长春:吉林大学出版社,2018.